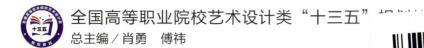
全国高等职业院校艺术设计类"十三五"规划教材

总主编／肖勇　傅祎

公共空间设计

主　编　王　珂　郭　烽
副主编　周晓琼　徐舒婕
参　编　姜　珂　洪　燕

PUBLIC SPACE DESIGN

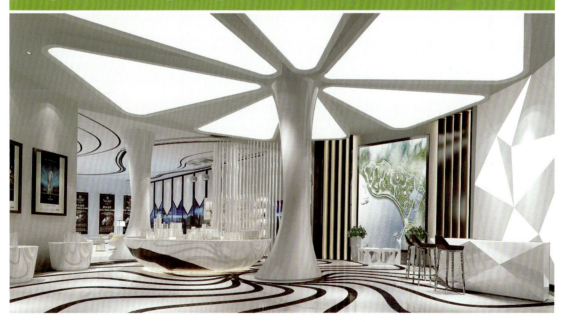

北京理工大学出版社
BEIJING INSTITUTE OF TECHNOLOGY PRESS

内容提要

本书是高等职业院校环境艺术设计专业的基础教材，从公共空间的概念出发，重点阐述了室内公共空间设计的相关知识，内容丰富，结构合理，既提供了全面的理论知识，又提供了丰富的实践案例。全书共8章，具体包括：公共空间设计概述、公共空间设计基础知识、公共空间设计专业知识、文化空间设计、商业空间设计、办公空间设计、餐饮娱乐空间设计、酒店空间设计等。同时，本书还以二维码的形式提供了一些设计案例，为学生的学习提供了便利。

本书既适合高职高专院校室内设计、环境艺术设计专业的师生使用，也可以作为相关技术人员的参考用书。

版权专有　侵权必究

图书在版编目（CIP）数据

公共空间设计／王珂，郭烽主编.—北京：北京理工大学出版社，2020.1（2020.2重印）
ISBN 978-7-5682-7530-9

Ⅰ.①公…　Ⅱ.①王…②郭…　Ⅲ.①公共建筑－室内装饰设计－高等学校－教材　Ⅳ.①TU242

中国版本图书馆CIP数据核字（2019）第201487号

出版发行／北京理工大学出版社有限责任公司
社　　址／北京市海淀区中关村南大街5号
邮　　编／100081
电　　话／（010）68914775（总编室）
　　　　　（010）82562903（教材售后服务热线）
　　　　　（010）68948351（其他图书服务热线）
网　　址／http://www.bitpress.com.cn
经　　销／全国各地新华书店
印　　刷／天津久佳雅创印刷有限公司
开　　本／889毫米×1194毫米　1/16
印　　张／7.5
字　　数／212千字
版　　次／2020年1月第1版　2020年2月第2次印刷
定　　价／49.00元

责任编辑／钟　博
文案编辑／钟　博
责任校对／周瑞红
责任印制／边心超

图书出现印装质量问题，请拨打售后服务热线，本社负责调换

总序 GENERAL PREFACE

20世纪80年代初，中国真正的现代艺术设计教育开始起步。20世纪90年代末以来，中国现代产业迅速崛起，在现代产业大量需求设计人才的市场驱动下，我国各大院校实行了扩大招生的政策，艺术设计教育迅速膨胀。迄今为止，几乎所有的高校都开设了艺术设计类专业，艺术类专业已经成为最热门的专业之一，中国已经发展成为世界上最大的艺术设计教育大国。

但我们应该清醒地认识到，艺术和设计是一个非常庞大的教育体系，包括了设计教育的所有科目，如建筑设计、室内设计、服装设计、工业产品设计、平面设计、包装设计等，而我国的现代艺术设计教育尚处于初创阶段，教学范畴仍集中在服装设计、室内装潢、视觉传达等比较单一的设计领域，设计理念与信息产业的要求仍有较大的差距。

为了符合信息产业的时代要求，中国各大艺术设计教育院校在专业设置方面提出了"拓宽基础、淡化专业"的教学改革方案，在人才培养方面提出了培养"通才"的目标。正如姜今先生在其专著《设计艺术》中所指出的"工业＋商业＋科学＋艺术＝设计"，现代艺术设计教育越来越注重对当代设计师知识结构的建立，在教学过程中不仅要传授必要的专业知识，还要讲解哲学、社会科学、历史学、心理学、宗教学、数学、艺术学、美学等知识，以便培养出具备综合素质能力的优秀设计师。另外，在现代艺术设计院校中，对设计方法、基础工艺、专业设计及毕业设计等实践类课程的讲授也越来越注重教学课题的创新。

理论来源于实践、指导实践并接受实践的检验，我国现代艺术设计教育的研究正是沿着这样的路线，在设计理论与教学实践中不断摸索前进。在具体的教学理论方面，几年前或十几年前的教材已经无法满足现代艺术教育的需求，知识的快速更新为现代艺术教育理论的发展提供了新的平台，兼具知识性、创新性、前瞻性的教材不断涌现出来。

随着社会多元化产业的发展，社会对艺术设计类人才的需求逐年增加，现在全国已有1400多所高校设立了艺术设计类专业，而且各高等院校每年都在扩招艺术设计专业的学生，每年的毕业生超过10万人。

随着教学的不断成熟和完善，艺术设计专业科目的划分越来越细致，涉及的范围也越来越广泛。我们通过查阅大量国内外著名设计类院校的相关教学资料，深入学习各相关艺术院校的成功办学经验，同时邀请资深专家进行讨论认证，发觉有必要推出一套新的、较为完整的、系统的专业院校艺术设计教材，以适应当前艺术设计教学的需求。

我们策划出版的这套艺术设计类系列教材，是根据多数专业院校的教学内容安排设定的，所涉及的专业课程主要有艺术设计专业基础课程、平面广告设计专业课程、环境艺术设计专业课程、动画专业课程等。同时还以专业为系列进行了细致的划分，内容全面、难度适中，能满足各专业教学的需求。

本套教材在编写过程中充分考虑了艺术设计类专业的教学特点,把教学与实践紧密地结合起来,参照当今市场对人才的新要求,注重应用技术的传授,强调学生实际应用能力的培养。而且,每本教材都配有相应的电子教学课件或素材资料,可大大方便教学。

　　在内容的选取与组织上,本套教材以规范性、知识性、专业性、创新性、前瞻性为目标,以项目训练、课题设计、实例分析、课后思考与练习等多种方式,引导学生考察设计施工现场、学习优秀设计作品实例,力求使教材内容结构合理、知识丰富、特色鲜明。

　　本套教材在艺术设计类专业教材的知识层面也有了重大创新,做到了紧跟时代步伐,在新的教育环境下,引入了全新的知识内容和教育理念,使教材具有较强的针对性、实用性及时代感,是当代中国艺术设计教育的新成果。

　　本套教材自出版后,受到了广大院校师生的赞誉和好评。经过广泛评估及调研,我们特意遴选了一批销量好、内容经典、市场反响好的教材进行了信息化改造升级,除了对内文进行全面修订外,还配套了精心制作的微课、视频,提供了相关阅读拓展资料。同时将策划出版选题中具有信息化特色、配套资源丰富的优质稿件也纳入了本套教材中出版,并将丛书名由原先的"21世纪高等院校精品规划教材"调整为全国高等职业院校艺术设计类"十三五"规划教材,以适应当前信息化教学的需要。

　　全国高等职业院校艺术设计类"十三五"规划教材是对信息化教材的一种探索和尝试。为了给相关专业的院校师生提供更多增值服务,我们还特意开通了"建艺通"微信公众号,负责对教材配套资源进行统一管理,并为读者提供行业资讯及配套资源下载服务。如果您在使用过程中,有任何建议或疑问,可通过"建艺通"微信公众号向我们反馈。

　　诚然,中国艺术设计类专业的发展现状随着市场经济的深入发展将会逐步改变,也会随着教育体制的健全不断完善,但这个过程中出现的一系列问题,还有待我们进一步思考和探索。我们相信,中国艺术设计教育的未来必将呈现出百花齐放、欣欣向荣的景象!

肖　勇　傅　祎

前言 PREFACE

室内设计有着悠久的历史，人们的生存、生活的大部分活动都依赖于室内环境。但与建筑设计相比，室内设计还是一门较为年轻的学科。在经济蓬勃发展的今天，人们生活条件的不断改善和精神生活的日益丰富，使人们对室内环境的要求逐渐提高。人们希望在功能完善的室内环境中追求更高的生活品质和更有意义的人文内涵，并与自然保持和谐统一。为了满足社会对室内设计人才的迫切需求，近些年来，许多院校都设立了室内设计专业或环境艺术设计专业。室内设计的更新周期较快，特别是商店、餐厅等公共空间的室内设计平均五年左右就会更换一次，室内设计相关理论的更新和发展更是迅速。为满足相关专业的教学需求，我们编写了本教材，它既可作为环境艺术设计及室内设计专业学生的教材，也可作为其他艺术设计专业人员的参考用书。

众所周知，建筑是以空间为其主要物质形式的，而人们的各种日常生活都需要有与之相适应的室内空间。因此，室内空间设计的效果直接影响人们的生活质量，也就是说，"空间"是室内设计的首要因素。室内空间设计是将建筑物内所有的空间进行合理的组织，并使其符合人的行为及活动规律。而公共空间便是室内空间的一个重要组成部分。本书从公共空间设计的基本理论和基本方法入手，结合国内外的工程实例和最新案例，着重对公共空间设计的基本概念、公共空间的分类、公共空间的色彩和材质，以及商业空间、办公空间、餐饮娱乐空间、酒店空间等各种公共空间类型的设计原则及特点加以论述。书中各章节的编排遵循了学科的系统性和各单元的独立性原则，各章节的理论、概念阐述明晰，并配有相关的图例和技术参考资料，力求反映近年来国内外室内设计领域的研究成果和最新发展状况，尽量使教材做到系统、简明、实用。

除此之外，本书还配备了丰富的二维码资源，扫码即可观看相关的配套资料，实现线上、线下互动学习，有助于读者更全面地了解学科相关知识及资讯。

由于室内设计学科理论的更新和深化速度较快，加之教材编写的时间仓促，书中不足之处在所难免，恳请业内有关专家和广大师生批评指正。

编 者

目录 CONTENTS

第一章 公共空间设计概述 ……001
第一节 公共空间设计的相关概念 ……001
第二节 公共空间设计的分类 ……005
第三节 公共空间设计的流程 ……013
第四节 公共空间设计师的基本素质 ……015

第二章 公共空间设计基础知识 ……018
第一节 公共空间设计的内容 ……018
第二节 公共空间设计的原则 ……020
第三节 公共空间设计的风格 ……027
第四节 公共空间设计的流派 ……028
第五节 公共空间设计的发展趋势 ……030

第三章 公共空间设计专业知识 ……033
第一节 公共空间设计与建筑装饰材料 ……033
第二节 公共空间设计与人体工程学 ……040
第三节 公共空间设计与环境心理学 ……044
第四节 公共空间设计与建筑光学 ……047
第五节 公共空间设计与色彩设计 ……052
第六节 公共空间与导向及标识设计 ……055

第四章 文化空间设计 ……061
第一节 文化空间设计概述 ……061
第二节 图书馆空间设计 ……062
第三节 展示空间设计 ……065
第四节 文化空间设计案例欣赏 ……069

第五章 商业空间设计 ……070
第一节 商业空间设计概述 ……070
第二节 商业空间设计原则 ……073
第三节 商业空间功能设计 ……074
第四节 商业空间形象设计 ……078
第五节 商业空间设计案例欣赏 ……078

第六章 办公空间设计 ……080
第一节 办公空间设计概述 ……080
第二节 办公空间设计要点 ……082
第三节 办公空间分类设计 ……084
第四节 办公空间设计趋势 ……087
第五节 办公空间设计案例欣赏 ……088

第七章 餐饮娱乐空间设计 ……089
第一节 餐饮空间设计 ……089
第二节 娱乐空间设计 ……098
第三节 餐饮娱乐空间设计案例欣赏 ……104

第八章 酒店空间设计 ……105
第一节 酒店空间设计概述 ……105
第二节 酒店大堂设计 ……108
第三节 酒店客房设计 ……109
第四节 酒店中庭设计 ……111
第五节 酒店空间设计案例欣赏 ……113

参考文献 ……114

CHAPTER ONE

第一章 公共空间设计概述

知识目标
了解公共空间设计的相关概念，熟悉公共空间设计的分类，掌握公共空间设计的流程。

能力目标
能根据公共空间设计师的基本素质要求，设立学习目标，制订学习计划，努力使自身具备相关能力。

第一节 公共空间设计的相关概念

一般认为"公共空间"一词可以广义地用于指称不专属于某一个人或某一群人的空间。大到城市所有市民使用的公共广场，小到住宅内多户居民合用的门厅都可以使用"公共空间"的称谓。赫曼·赫兹伯格（Herman Hertzberger）在《建筑学教程》中认为，"公共"（public）和"私有"（private）的概念在空间范畴内可以用"集体的"（collective）与"个体的"（individual）两个术语来表达。

"公共空间"是相对于"私密空间"而言的，私密空间之外的所有领域和场所都可以理解为公共空间，是公众可以自由进出、自由交往的地方。公共空间是一个"任何一个人在任何时间内均可进入的场所，而对它的维持由集体负责；私密空间则表明该空间是由一个小群体或一个人决定可否进入的场所，并由其负责对它的维持"。具备公共性的地方才真正具有公共空间的意义。公共空间无疑与公共场所有非常密切的联系，如广场、街道、公园、车站、商店等都可以理解为公共场所（图1-1和图1-2），它们是所有人都能够共同享用的地方。因此公共空间与人们的生活有着密切的联系。

在建筑学范畴，公共空间是指与私密空间对立的，有管理人或控制人，在人员流动上具有不特定性的一定范围的空间，或者称不特定多人流动的特定管理或控制空间。"公共空间"被定义为：向全体公民开放的、承载社会公共生活的，并由城市中的物质实体要素所建构的空间。它与开放的媒体、活跃的网络论坛、深入民间的社会组织等一起承载了城市"公共生活"的全部内容。

图 1-1 罗马市政广场

图 1-2 公园

公共空间分为两个部分：室外公共空间和室内公共空间。室外公共空间一般是指供居民日常生活和社会生活共同使用的室外空间，包括街道、广场、居住区户外场地、公园、体育场地等（图 1-3～图 1-7）。城市公共空间都属于室外公共空间，目前其已扩大到公共设施用地的空间，如城市中心区、商业区、城市绿地等。它不仅具有自然生态意义，反映着人与自然的相处境况，而且具有社会文化功能，体现着人与人、人与社会的关系。良好的城市公共空间不仅可以美化城市，还能够增进人们的交流沟通。因此，营造良好的城市公共空间，不仅是城市规划设计的追求目标之一，也是创建文明和谐城市的一种手段。

图 1-3 街道

图 1-4 广场

图 1-5 居住区户外场地

图 1-6 公园

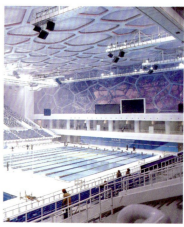
图 1-7 体育场地

室内公共空间则是指建筑室内空间中供公众使用的部分。它包括文化建筑、商业建筑、办公建筑、酒店建筑、餐饮娱乐建筑等公共建筑的室内空间（图1-8～图1-11）。另外，在相对较私密的住宅建筑中，具备公共性的门厅、过道、楼梯等也属于室内公共空间的范畴（本书着重研究的是室内公共空间，以下若不做特殊说明，所论及的"公共空间"均默认为"室内公共空间"）。

图1-8　博物馆室内空间

图1-9　商业空间

图1-10　酒店空间

图1-11　餐饮空间

"室内公共空间"所界定的公共空间简单地说即有屋顶的"公共空间"，优秀的室内公共空间能吸引不同阶层的公民进入其中，在平等、相互尊重的基础上沟通与交流，最终形成"公共思想"。但"公共空间"作为与"私密空间"相对的概念引发了一系列问题：部分室内空间归私人所有，但又向全体公民开放。虽然所有者的最终目的在于商业利益，但是越来越多的"公共性"活动融合其间，这就造成了很大的争议："室内公共空间"的界定应该依据其归属还是应依据其"公共性"活动的内核？显然后者是更为根本的判断要素。"半室内公共空间"的概念暂且用来归纳那些部分归私人所有但向公众开放，拥有"公共性"活动的空间场所。公共空间的社会性质决定了"室内公共空间"的研究无法脱离特定的社会、时代背景。以咖啡馆室内空间为例，19世纪，法国的知识分子和革命党人常聚集于咖啡馆，如伏尔泰、卢梭、巴尔扎克、雨果以及丹东、罗伯斯庇尔、马拉等人，咖啡馆成为影响法国乃至欧洲的"公共思想"的发源地，理所当然属于"半室内公共空间"；而在当代中国，城市中的咖啡馆还只是一种高档的休闲场所，吸引城市中部分公民参与其中沟通交流，所以它是以"私密空间"的形式存在的（图1-12）。只有面向社会各阶层开放（不仅指形式上的开放），同时容纳有"公共性"活动的室内空间，才能称为"室内公共空间"。

室内公共空间设计与室内设计有着不可分割的联系。室内设计，又称室内环境设计，是人为环境设计的主要部分，是建筑内部空间理性创造的过程。简而言之，室内设计是对建筑室内空间的设计及再创造。空间是室内设计的主角，空间设计理所当然地成为室内设计的重点（图1-13）。

图1-12　咖啡馆

图1-13　餐饮空间设计

《中国大百科全书——建筑·园林·城市规划卷》把室内设计定义为："建筑设计的组成部分，旨在创造合理、舒适、优美的室内环境，以满足使用和审美的要求。室内设计的主要内容包括：建筑平面设计和空间组织、围护结构内表面（墙面、地面、顶棚、门和窗等）的处理，自然光和照明的运用以及室内家具、灯具、陈设的选择和布置。此外，还有植物、摆设和用具等的配置。"

室内设计的含义可以简要地理解为：运用一定的物质、技术手段，凭借一定的经济能力，以科学为基础，以艺术为表现形式创造安全、卫生、舒适、优美的内部环境，满足人们的物质功能需要与精神功能需要。

现代室内设计是一门复杂的综合性学科。它不仅涉及建筑外形的美化，还涉及建筑学、社会学、民俗学、心理学、人体工程学、结构工程学、建筑物理学以及材料学等学科领域。它要求运用多学科的知识，综合地进行多层次的空间环境设计。在设计手法上，则要利用平面、立体和空间构成，透视，错觉，光影，反射和色彩变化等原理和手段，一方面对空间进行重新划分和组合，另一方面通过对各种物质的构建、组织、变化来增加层次，让使用者获得设计师所期待的生理及心理反应，创造一个理想的空间环境（图1-14）。

现代室内设计是由科学、艺术和生活结合而成的一个完美整体。随着时代的发展，室内设计的内容和自身的规律将随着社会生产力和生产关系的发展而发展；新技术和新结构等现代科学技术成果的不断推广和应用，以及声、光、电和风的协调配合，也将使室内设计升华到新的境界（图1-15）。

图1-14　具有温馨气氛的餐厅设计

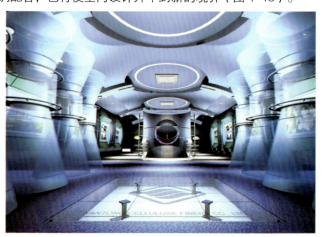
图1-15　新材料和新技术下的室内空间

公共空间设计在室内设计的范畴内，同样需要运用多学科的知识，如建筑学、人体工程学、环境心理学、建筑光学等。随着科技的不断进步，在"环境为源""以人为本"的现代设计理念的引导下，公共空间设计运用现代设计方法和技术手段，将实用功能与美学需求进行高度统一，创造更适宜人类生存、交流、发展的公共空间环境。

第二节　公共空间设计的分类

公共空间设计的分类以公共空间的类型作为依据，相互对应。公共空间按用途划分，常见的有文化空间、商业空间、办公空间、餐饮娱乐空间、酒店空间、交通空间、医疗空间、演播空间等；按空间状态划分，则可分为封闭空间、开敞空间、流动空间、虚拟空间、共享空间、过渡空间、母子空间、交错空间、凹入空间、外凸空间等。不同类别的空间因功能不同而设计要求各异，设计时要具体问题具体分析，以创造既符合使用功能，又理想美观的室内空间环境。

一、按用途划分公共空间的类型

1. 文化空间

文化空间是指由政府及社会力量等建设并向公众开放，用于人们开展各类文化娱乐活动，具有公益性质的公共空间形式。文化类建筑具有规模大小不同、内容繁简各异的特点，是进行文化娱乐活动的物质基础和载体，也是社会经济发展水平和文明程度的重要标志。从构成类型来看，文化类建筑主要分为图书馆、博物馆、美术馆、文化馆、剧场（音乐厅、歌舞厅、影院）与文化艺术中心等（图1-16）。

图1-16　文化空间

2. 商业空间

商业空间是公众进行商品交易、购物消费的空间，是人类活动空间中最复杂、最多元的空间类型之一，承担着商品流通和信息传递的作用，其发展方向随着市场的日益完善而变化。随着时代的发展，现代意义上的商业空间必然呈现多样化、复杂化、科技化和人性化的特征，其概念也会产生更多的不同解释和外延。商业空间一般包括购物中心、超级市场、各类专卖店等商品零售空间（图1-17）。一般来说，特定的市场关系、结构会产生相应的商业空间形式。

【作品欣赏】商业空间设计案例

图 1-17　商业空间

3. 办公空间

办公空间是一种开敞的工作与人际交流场所。现代办公空间是人类主要的日常活动空间之一。办公空间设计是指根据使用功能对办公空间的功能布局、界面、光与色彩、家具陈设、绿化、人体工学等方面的组织设计。设计时需要考虑诸多方面的问题，涉及科学、技术、人文、艺术等相关因素。办公空间设计的目标是为工作人员创造一个舒适、方便、卫生、安全、高效的工作环境，以便更大限度地提高员工的工作效率。这一目标在商业竞争日益激烈的当下显得更加重要，它是办公空间设计的基础，也是办公空间设计的首要目标（图1-18）。

图 1-18　办公空间

4. 餐饮娱乐空间

（1）餐饮空间是食品生产经营行业通过即时加工制作、展示销售等手段，向消费者提供食品和服务的消费场所。它包括餐馆、快餐店、食堂等。餐厅是最能体现空间个性的场所之一，每个餐厅都有其特色与主题，格调较好的餐厅还会蕴含丰富的哲理与生活态度。如由 Atelier INDJ 设计的位于上海的 G9 餐厅，设计者在其内部营造了一种浪漫的气氛，设计本身的定位为高端的餐厅会所。这里不仅是可以享受美食的高级餐厅，更是一个展厅，就餐者能尽情享受其中的灯光、魅力和韵味（图 1-19）。

图 1-19　餐饮空间

（2）娱乐空间通常是指休闲、娱乐的生活空间，它不仅为人们提供生活方面的物质需要，也为人们追求文化精神生活提供保障。随着生活节奏的不断加快和工作压力的与日俱增，越来越多的人单方面地选择承受，找不到舒缓压力的途径。针对种种生活、工作压力，室内设计师提出了合理的解决方案，那就是在商业空间中融入娱乐空间，使人们无论在办公楼，还是在上班的路上，或者在购物时都能在娱乐空间中释放精神压力，如意大利米兰四季酒店的水疗中心（图 1-20）。这座历经近 10 年时间营建的水疗中心由意大利著名设计师 Patricia Urquiola 亲手打造。在此设计中，精心构思的水疗中心与 15 世纪的修道院遗址融为一体，保留自 19 世纪的穹隆拱顶，古典气息浓郁，再加上不少现代石灰石墙、陶瓷、浮雕与木头等自然材质，在优雅淡然的环境中，充满放松、舒缓的气息，让人仿佛置身于古罗马浴场。这些材质的功能性也很强，设计者利用防水性、耐久性俱佳的乙烯塑料贴壁，配上木镶板和洞石，让空间兼具舒适性与功能性。该水疗中心旨在通过空间、材质和色彩的运用，表现一种天然的美，让顾客在这种美中放松身心。

5. 酒店空间

酒店、旅馆、旅社、度假村等是以"夜"为时间单位向各类旅游客人提供餐饮、住宿及相关服务的设施。社会的发展和科技的不断进步使宾馆的服务日益完善、更具有针对性，现代宾馆、酒店

【作品欣赏】酒店空间设计案例

的功能早已超越了传统旅店的功能。研究社会中不同的消费人群，确立消费目标和市场经营目标，并根据目标思考酒店的投资与建设规模以及等级定位，这种设计原则使现代酒店的经营始终朝着富有特色的方向发展。特色是指完善的功能配套设施、有针对性的服务、突出的视觉感受和建筑形式（图1-21）。

图1-20　娱乐休闲空间

图1-21　酒店空间

6. 交通空间

交通空间是随着各种现代交通工具的出现而产生的公共空间，它是一个城市文明进步、经济发展及高科技、新材料发展程度的体现，反映了一定时期地区的生产力发展水平，是技术进步和艺术特色的综合反映。交通空间设计应突出现代、高效、简洁以及人文、地域方面的设计特点，除了要塑造交通空间有序的风格外，还应力求简洁、明快、流畅地体现交通空间的时间感与秩序感，营造富有内涵的个性化室内空间环境与气氛，形成特殊的文化品质与不同的地域文化风貌，体现时代气息（图1-22）。

图1-22　交通空间

7. 医疗空间

现代医学的发展是全面的，它不仅包括医疗器材、药品、医术等方面的因素，还包括人性化和体现人文关怀的医疗整体空间环境。现代化的医疗空间设计应强化一切以病人为中心的观念，在改善医疗服务品质的同时，依托于人性化原则，运用现代手法，选用新型医用材料，把色彩、灯光、设施有机结合，辅以有亲和力、人性化的视觉形象设计，改变以往人们所畏惧的冷峻、严肃、呆板的医院形象，从而营造一个宁静、舒适、典雅、亲和的体现人文关怀主题的现代化医疗环境（图1-23）。

图1-23 医疗空间

8. 演播空间

演播空间是利用光和声进行空间艺术创作的场所，是电视节目制作的基地，也是新闻宣传部门的必备场地。演播空间除录制声音外，还要摄录图像，并满足演员在其中进行表演的要求。因此，它必须具有足够的声、光设备以便于创作。演播室系统包括视频系统、音频系统、灯光系统、通话系统和空调、消防、地线、供电系统等。演播空间设计应最大限度地满足实际工作的要求，在满足功能需求的基础上力求操作方便、维护简单、管理简便。在演播空间设计过程中，要始终充分考虑场地实际情况，既要有自己的功能特色，又要符合科学和先进的系统设计思想（图1-24）。

图1-24 演播空间

二、按空间状态划分公共空间的类型

1. 封闭空间

封闭空间是最原始的空间形态，用于满足人的最基本的需求——安全、遮蔽、归属感。此种空间用限定性较高的围护实体（承重墙、轻体隔墙等）包围起来，具有很强的领域感、安全感和私密性，常采用对称式和垂直水平界面处理。其空间比较封闭，构成比较单一，与周围环境的流动性较差（图1-25）。

2. 开敞空间

开敞空间的开敞程度取决于其有无侧界面、侧界面的围合程度、开洞的大小及启闭的控制能力等。开敞空间是外向型的，限定性和私密性较小，强调与空间环境的交流、渗透，讲究对景、借景和与大自然或周围空间的融合。开敞空间可提供更多的室内外景观并扩大视野，经常成为室内外的过渡空间，具有一定的流动性和很高的趣味性，是开放性心理在环境中的反映。在使用时，开敞空间的灵活性较大，便于改变室内布置。在心理效果上，开敞空间常表现为开朗和活跃。在景观关系和空间性格上，开敞空间具有收纳性和开放性（图1-26）。

图1-25 封闭空间

图1-26 开敞空间

3. 流动空间

流动空间的主旨是不把空间看作一种消极静止的存在，而是把它看作一种生动的力量。在空间设计中，流动空间要避免孤立、静止的体量组合，而追求连续的运动空间。空间在水平和垂直方向上都采用象征性的分割，以使空间最大限度地交融和连续，实现视线通透、交通无阻隔性或阻隔性极小。它是现代建筑语言的一个重要形态。在流动空间中，随着人们的视线移动，视觉效果会不断变化，使人产生不同的视觉感受（图1-27）。

流动空间具有以下特点：

（1）边界具有开放性，空间相互连通；
（2）界面之间相互分离、交错和穿插；
（3）建筑结构本身具有动态性；
（4）局部空间采用动态化分隔布置方式。

图1-27 流动空间

4. 虚拟空间

虚拟空间是指在已界定的空间内通过界面的局部变化再次限定的空间。虚拟空间没有十分完备的隔离形态，也缺乏较强的限定度，只靠部分形体的启示，依靠联想和"视觉完形"来划定空间，所以又称"心理空间"，如局部升高或降低地坪和天棚，或以不同材质、色彩的平面变化限定空间。

另外，还可以借助各种隔断、家具、陈设、绿化、水体、照明、色彩、材质、结构构件及改变标高等形成虚拟空间（图1-28和图1-29）。

图1-28 利用地面材质变化限定的虚拟空间　　　　图1-29 利用地面高低变化限定的虚拟空间

虚拟空间的构成方式有以下几种：

（1）利用地面的高低变化进行限定；

（2）利用吊顶的变化进行限定；

（3）利用结构框架的设置进行限定；

（4）利用地面图案的区分进行限定；

（5）利用陈设或绿化植物进行限定；

（6）利用材质的变化进行限定；

（7）利用色彩的变化进行限定。

5. 共享空间

共享空间由美国建筑师波特曼首创，在各国享有盛誉。它是把相互独立的空间单元在垂直方向连接成一个整体的空间形式，尺度往往比较大。它的产生模糊了室内与室外空间的界限。早期的共享空间多用于教堂，后逐渐运用到其他公共领域，如大型公共性建筑（主要是酒店）内的公共活动中心和交通枢纽，含有多种多样的空间要素和设施，使人们在精神上和物质上都有较大的选择性，是综合性、多用途的灵活空间（图1-30）。

6. 过渡空间

过渡空间是一个衔接体，它将空间单元连接起来，有着独特功能，起着引导空间的作用（图1-31）。优秀的过渡空间会使整个空间秩序井然。过渡空间的应用主要有以下几种：

图1-30 共享空间　　　　　　　　　　　　　图1-31 过渡空间

（1）用在不同体量、不同类型空间的交汇处，使空间转换自然生动；

（2）用在室内与室外的连接区域，突出建筑物的入口，对室内环境起到缓冲作用。

7. 母子空间

人们在大空间中一起工作、交流或进行其他活动，有时会感到缺乏私密性、空间空旷而不够亲切。而封闭的小空间虽然可避免上述缺点，又会产生沉闷、闭塞的感觉。母子空间是对空间的二次限定，是在原空间（母空间）中，用实体性或象征性的手法再限定出小空间（子空间），使封闭与开敞相结合。通过将大空间划分成不同的小空间，增强了亲切感和私密性，能更好地满足人们的心理需要。这种在强调共性中含有个性的空间处理方式，强调心（人）与物（空间）的统一，是公共建筑设计的一大进步。母子空间具有一定的领域感和私密性，大、小空间相互沟通，闹中取静，较好地满足了群体和个体的需要（图1-32）。

8. 交错空间

交错空间又称穿插空间，是指利用两个相互穿插、叠合的空间形成的空间。在交错空间中，人们俯仰相望，静中有动，不但丰富了室内景观，也给室内空间增添了生气。交错空间内水平、垂直方向的空间流动，具有扩大空间的功效。其空间活跃、富有动感，便于组织和疏散人流。在设计时，水平方向常采用垂直护墙的交错配置，形成空间在水平方向上的穿插交错。交错空间内往往存在不同空间的交融渗透，因此其在一定程度上也带有流动空间的特点（图1-33）。

图1-32　母子空间　　　　　　　　图1-33　交错空间

9. 凹入空间

凹入空间是在室内某一墙面或角落凹入的空间，是在室内局部退进的一种室内空间形式，在住宅建筑中运用比较普遍。其通常只有一面或两面开敞，所以受到的干扰较少，形成安静的一角。有时可将顶棚降低，以突显其清静、安全、富有亲密感的特点。它是空间中私密性较高的一种空间形式。根据凹进的深浅和面积的不同，可以对其作不同用途的布置，如在住宅中利用凹入空间布置床位，创造理想的私密空间；在饭店等公共空间中，利用凹室避免人流穿越的干扰，获得良好的休息空间；在餐厅、咖啡室等处利用凹室布置雅座；在长廊式的建筑，如办公楼、宿舍中，可适当间隔布置凹室，作为休息等候的场所，以避免空间的单调感。凹入空间的领域感与私密性随凹入深度的增加而加强。可根据凹入的深浅不同，将其设计为休憩、交谈、进餐、睡眠等不同用途的空间（图1-34）。

10. 外凸空间

凹凸是一个相对的概念，如外凸空间对内部空间而言是凹室，对外部空间而言则是凸室。如果凹入空间的垂直维护面是外墙，并且开有较大的窗洞，便是外凸空间了，这种空间是室内凸向室外的部分，可与室外空间很好地融合，视野非常开阔。大部分外凸空间都希望将建筑更好地伸向自然或水面，达到三面临空、饱览风光的目的，使室内外空间融为一体；或通过锯齿状的外凸空间，改变建筑朝向、方位等。外凸空间在西洋古典建筑中运用得较为普遍，如建筑中的挑阳台、阳光室等都属于此类（图1-35）。

图1-34 凹入空间　　　　　　　　　图1-35 外凸空间

第三节　公共空间设计的流程

一、准备阶段

（1）接受委托任务书，签订合同或者根据标书要求参加投标。

（2）明确功能目标（依据甲方的具体情况，不同的功能有不同的设计要求）。设计师通过与使用者或委托方的面谈交流，了解委托方的具体情况，明确使用者的特殊需求与兴趣，进而明确设计目标。不同的功能空间有不同的设计要求，这会影响设计阶段中诸如空间的划分、色彩的搭配及材料的选用等多方面的问题。在正式进入设计阶段前，这些都是必须做的工作。

（3）明确设计目标的方位和形态。设计师需了解设计目标的大小尺寸、结构构造、位置环境、风向日照、视野角度等，只有了解这些才能为设计提供物理基础与限定条件，设计出的图纸才具有可实施性；有时也要了解当地的法律法规与相关的具体条款和限定，因为这些也会对设计中诸如设计类型、允许的高度、布局、外观和色彩等有一定程度的影响。

（4）了解委托方的投资预算。资金是保证方案顺利实施的根本保证，所以在设计方案时必须考虑投资预算，以保证方案具有实际可操作性。从这一点来说，公共空间设计对设计师的要求还是比较高的，设计师不仅要熟悉材料的运用和价格，还需要了解其背后的施工工艺和相关的施工成本。

(5)分析评估。对收集的资料进行分析总结,为下一阶段的设计工作提供总体指导。通过分析、整理和评估,避免仓促行事,避免忽略设计的重要环节或目标,使客户的需求得到满足。

(6)确定设计创意和制订工作进度表。设计创意确定以后,设计方案的各组成部分将有机地联系在一起,便于设计师确定设计风格,提炼设计元素,保证方案的统一性与艺术性的实现;设计是个整体工程,牵一发而动全身,所以需要确定严格的工作进度表,确保工程顺利进行。

二、方案设计阶段

方案设计阶段可分为两个时期:前期为方案的设计与完善阶段,后期为方案文件的制作阶段。

1. 方案的设计与完善阶段

(1)构思立意。从不同角度审视和解决设计中遇到的问题,并形成尽可能多的创意。在这个阶段,没有确定解决问题的最终方法,不过最终的设计思路已形成。

(2)草图拓展。本阶段的工作是设计概念和设计思路的拓展,用图形描绘确定的主题和思路,通过图形进行研究推敲,画大量的图纸,作大量的修改,确定最符合设计目标的空间形式。

(3)细化完善。对设计概念将图形具体化,对设计进行完善。

(4)与甲方交流沟通,提出意见或修改明细。

2. 方案文件的制作阶段

确定设计方案,提供方案文件。公共空间设计的方案文件一般包括以下几个方面的内容:

(1)设计说明。包括项目的基本概况,项目的规模及业主提供的有关资料、法规条例等设计依据。

(2)设计理念。阐述设计师的设计思想及设计目标。

(3)平面图。包括功能布置平面图(图1-36)、交通流线图、顶面造型设计图等。

图1-36 功能布置平面图(单位:mm)

（4）室内立面展开图。包括各立面的造型设计图（图1-37）。

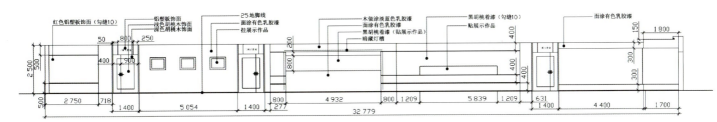

图1-37　室内立面展开图（单位：mm）

（5）剖面图（图1-38）。
（6）大样图（图1-39）。

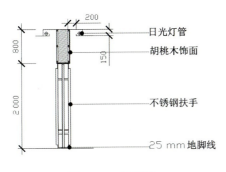

图1-38　剖面图

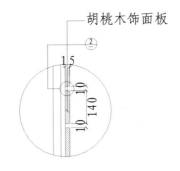

图1-39　大样图

（7）效果表现图。
（8）装饰材料表。包括装饰中涉及的装饰材料清单和图样。
（9）造价概算。

三、设计实施阶段

设计实施阶段即工程的施工阶段。在这个阶段中要做到三点：第一，在施工前，设计师要向施工人员说明设计意图，并与其就相关的施工技术进行交流；第二，在施工期间经常对现场的施工实况进行核对；第三，在施工结束后，与质量检查部门进行工程验收。

四、用户评价和维护管理阶段

开展后期的工程项目的信息收集工作，并对其进行评价总结，并做好竣工后的相关维护工作。

第四节　公共空间设计师的基本素质

一、敏锐的感受能力

好奇心，能激发设计师的创作欲望；感性，促使设计师关心周围的世界。设计师对空间形态的造型观察和感受能力是设计创造的基础,如空间的高低、大小、宽窄、材质、色彩等带来的空间视觉变化及心理感受。

二、创意思维能力

设计的本质是创造,设计创造始于设计师的创意思维。设计师应该突破固有的思维模式,从思维方法上养成创新的习惯,并将其贯彻到设计实践中。在寻求问题的最佳解决方案时,具有坚韧的独创精神和丰富的想象力。一个设计师需要经常有意识地留心观察身边各种成功或失败的设计,要经常问"为什么这样设计""还能怎样设计""这样的设计是否利于施工"等问题。勤于思考是一个优秀设计师的基本素养,只有在不断的学习和积累中积极探索,设计师才能真正具有构想的灵感和发明创造的能力。

三、专业的设计能力

设计师要想把自己的创意表达出来,需要具备专业的设计能力,专业的设计能力有助于设计构想的表达,例如快速的手绘表现能力、计算机辅助制图的能力(图 1-40 和图 1-41)。如果设计师缺乏专业设计能力,将无法将设计构想付诸实施。专业设计能力在设计师与甲方进行方案交流的时候尤为重要,是衡量设计师是否专业的标准之一。

图 1-40 手绘效果图

图 1-41 计算机效果图

四、艺术修养和鉴赏能力

作为一个成熟的设计师,应该具有广阔的视野和独特的见解,要涉猎多门类的艺术知识,广泛地阅读优秀的环境艺术设计作品和相关艺术领域的作品,以培养自己的艺术鉴赏能力。但鉴赏能力的提高,并非一朝一夕所能实现,必须通过长期阅读、实地观摩、学习交流等方式不断积累。

五、敬业精神

设计是一项烦琐、综合性强的工作,也是一项极具挑战性的工作。作为一个设计师应该拥有敬业精神,无论遇到多么复杂棘手的设计课题,都要认真总结经验、用心思考、反复推敲,力求达到最理想的效果。

六、对市场的预测能力和超前意识

一个优秀的设计师应随时关注市场需求及变化,并具备对其进行调查研究和科学预测的能力,以及一定的市场超前意识。这种预测能力是通过周详严谨的市场调查获得的。设计师不仅要通过单纯的数字统计进行预测，还要在掌握市场心理学的基础上，有针对性地分析消费者群体的消费心理，如不同消费者群体的性别、年龄、文化水平、生活习惯、经济收入及居住环境等因素，从而设计出形态各异、形式丰富的产品，以适应不同消费者群体的购买心理，使之乐于接受。市场超前意识则是对未来市场发展趋势进行预测的意识。

【作品欣赏】商业空间设计案例（1）

七、与客户沟通的能力及解说方案的能力

作为一线设计人员，必须能独立面对实际的甲方客户。提升设计单位的经济效益、体现个人价值尤为重要和实际。与甲方交流沟通时的职业形象、气质、谈吐等方面的细节表现，对方案全面陈述的客观程度直接关系到项目的成功与否，设计单位需要的是能够独立工作并能带来较好效益的员工。

总之，作为21世纪的高素质设计人员，除了应当具备以上素质、能力和修养外，还应具备较强的社会责任感和与时俱进的精神，一个优秀的设计往往能够体现设计人员对社会、公众和生活的态度，体现一个时代的社会风尚和文化追求。

 本章小结

本章主要介绍了公共空间设计的相关概念、公共空间设计的分类、公共空间设计的流程，以及公共空间设计师的基本素质，其中相关概念是基础，分类和流程是常识，而设计师应具备的基本素质尤其值得注意。

 思考与实训

1. 简述公共空间设计的流程。
2. 对照公共空间设计师的基本素质制订学习计划。

CHAPTER TWO

第二章 公共空间设计基础知识

知识目标
了解公共空间设计的风格和流派，熟悉公共空间设计的内容，掌握公共空间设计的原则和发展趋势。

能力目标
能针对任何一个公共空间进行设计内容方面的分析，推断其风格、流派等。

第一节 公共空间设计的内容

公共空间设计的内容包括许多方面，具体如：空间组织、界面处理、照明设计、色彩设计、材质设计、家具设计、陈设设计、灯具设计、绿化设计等。

一、空间组织和界面处理

空间组织是运用一种或几种组织方法，把不同类型的室内空间按照相关功能要求组织在一起。设计时不但需要充分理解室内空间的使用功能和设计意图，还要对空间的总体布局、功能定位、人流动向以及结构体系等了然于胸，从而对空间和平面布置予以调整、完善和再创造。随着现代社会生活的节奏加快，建筑功能不断发展和变换，设计者需要对室内空间进行改造或重新组织，这在当前对各类建筑的更新改建任务中最为常见。空间组织和平面布置包括对室内空间围合方式的设计（图2-1）。

界面处理是指对室内空间的地面、墙面、屋顶等各界面的造型、色彩、材质和灯光的设计。设计时应了解空间的使用功能和特点，了解界面的形状、图形、肌理构成，界面结构的构造方法，界面和通风管、消防等管线设施的协调配合等。界面处理要从建筑的使用性质、功能特点等方面考虑，一些建筑物的结构构件可以不加装饰，作为界面处理的手法之一，这正是单纯的装饰和室内设计在设计思路上的不同之处（图2-2）。

图 2-1　空间围合方式设计　　　　　　　　　图 2-2　界面处理

通过空间组织和界面处理，设计者能确定室内环境空间的基本形体关系和界面线条。公共空间设计应以物质功能和精神功能为依据，还要考虑相关的客观环境因素和主观感受。

二、照明、色彩和材质设计

没有光就没有色彩。没有光，世界将是一片漆黑。对于人类来说，光和空气、水、食物一样，是不可缺少的。光是人们产生视觉感受的前提。室内照明是指室内环境的天然采光和人工照明，它除了能满足正常的工作生活环境的采光需要外，还能有效烘托室内环境气氛。如 MAD 建筑事务所设计的鄂尔多斯博物馆（图 2-3），看上去好像是空降在沙丘上的巨大时光洞窟，内部弥漫着自然光线，使城市废墟变成了充满诗意的公共文化空间。馆内馆外两重天，明亮而巨大的峡谷洞窟中，人们在空中的连桥上穿梭，好像置身于戈壁景观中。人们可从两个主要入口进入并穿过博物馆，直接越过展厅。如此一来，博物馆内部也成为开放的城市空间的延伸。博物馆内部光影流转，时而幽暗私密，时而光芒万丈，峡谷中的桥连接着两侧的展厅，人们在游览途中会在桥上反复相遇。玻璃屋顶使光穿透建筑，照亮室内环境，再通过冷光闪闪的墙面四散开来。

【作品欣赏】商业空间设计案例（2）

色彩是空间设计中最为生动和活跃的设计要素，也最容易形成设计风格，往往给人留下强烈的第一印象。色彩最具表现力，通过人们的视觉感受产生的心理和物理效应，形成丰富的联想、寓意。光和色密不可分，除了色，光还必须依附于界面、家具、室内织物、绿化等。设计者需要根据建筑物的性格、室内使用性质、工作活动特点以及人们停留时间的长短等因素，确定室内主色调，选择适当的色彩配置（图 2-4）。

图 2-3　鄂尔多斯博物馆内景　　　　　　　　图 2-4　办公空间色彩配置

对于从事公共空间设计的设计者而言，了解各种装饰材料的性能和运用方法是一项重要的学习内容，需要不间断地学习和实践。在公共空间设计中正确认识各种材料的性能，合理地组合应用装饰材料是解决设计问题、实现设计目的的基础。装饰材料不仅为设计提供了物质基础，它的个性与多样性也为设计创意提供了极大的可能性。例如位于加拿大埃德蒙顿的未来主义图书馆，比起原先的小型图书馆给读者提供了新的、更大和更现代化的阅读空间。它的目标是打造"可持续发展的设计，以满足现在和未来图书馆的需求和用途"（图2-5），不规则的流线外形、玻璃幕墙和原始波纹屋顶都令人印象深刻。

图2-5　加拿大埃德蒙顿的未来主义图书馆

三、家具、陈设、灯具、绿化设计

家具、陈设、灯具、绿化等的设计是形成设计风格的重要内容之一，对烘托室内环境气氛具有举足轻重的作用。相对于空间处理和材料施工来说，家具、陈设、灯具、绿化等的布置有一定的灵活性，可以分割、引导空间。此外，其实用价值和观赏价值也极为突出，通常都处于显著位置。家具的摆放直接关系到空间的格局与人们的使用感受（图2-6）。

室内绿化在现代室内设计中具有不可替代的特殊作用，它具有改善室内小气候和吸附粉尘的功能。更为重要的是，室内绿化使室内环境生机勃勃，带来自然气息，令人赏心悦目，从而起到柔化室内空间、协调人们心理的作用（图2-7）。

图2-6　家具、陈设等的摆放　　　　　图2-7　绿色办公空间设计

第二节　公共空间设计的原则

现代城市建筑，尤其是大型公共建筑在未来城市空间体系中将扮演更为重要的角色。现代城市建筑中的室内公共空间将在更广泛的层次上与城市公共空间融合共生，共同构建城市空间体系，以完善城市职能。

一、整体性原则

室内公共空间的整体性是指：一方面，其应具备环境整体观念，与外部环境衔接良好，符合建筑的类型性格、功能特点和建造方式，与各独立性功能空间既分隔又有联系；另一方面，其各部分应当有组织地构成公共空间的有机整体，相互之间紧密联系，空间序列完整，富有节奏感。

室内公共空间应是室内环境的一部分，并不是封闭和孤立的，应当从整体功能特点、自然气候特点、周边环境建设状况和所在位置、工程建造方式等因素出发，进行系统的考虑。它与建筑外部环境在文脉、空间关系、交通等方面也应有良好的衔接。

空间序列组织应综合运用对比、重复、过渡、衔接、引导等整体性原则，注重事物的结构关系和整体，以事物的整体性作为设计的出发点，目的是使整体保持平衡，在整体关系的指导下解决问题。整体性原则在公共空间设计中主要表现在以下三个方面：

（1）系统的观点。正如希腊建筑师道萨迪亚斯（C.A.Doxiadis）指出的：人类居住区是一个包括乡村、城镇、城市等所有层次在内的一个整体。系统的观点将城市视为一个有机组织的整体，将公共空间视为城市整体空间体系中的一个有机组成部分。公共空间是城市空间体系的一个子系统。城市的空间结构作为高一级的系统层级对公共空间的设计提供一定的制约和限制，公共空间的设计应该在城市整体空间体系的范围内进行，并对城市整体空间体系作进一步的补充和完善。整体性的思维方法要求人们在进行公共空间设计的时候，要有更广阔的视野，突破建筑设计的领域而进入城市设计的领域，不仅从其内部空间组织的角度进行设计，更要从城市空间体系出发进行设计（图2-8）。

（2）整体利益的观点。公共空间的设计不能仅考虑个体建筑的利益，还要考虑城市空间体系的整体利益。因此其空间设计的出发点不止于建筑自身功能组织的需求，还要考虑公共空间对城市空间体系的补充和完善，以及它对城市公共生活的贡献（图2-9）。

（3）整体作用的观点。公共空间包含很多空间要素，包括社会文化、自然生态等诸多元素，是诸多元素共同作用的结果。空间各构成要素并非彼此独立、简单地叠加在一起，而是相互联系、相互激发，在一定区域范围内形成相互依赖、相互作用的整体。"集聚效应"与"激发功能"就是这种整体作用的体现。整体性原则指导下的设计是把建筑、交通、基础设施、开放空间、绿化体系、文化传承等各种要素综合在一起加以分析并进行整体设计（图2-10）。

图2-8　城市空间

图2-9　广场与城市空间

图2-10　城市建筑、街道与绿化

二、复合性原则

复合性是指同一空间中多种功能的并置和交叉，即在一个空间中多种使用功能同时并存和交叉。复合性是指人群的公共行为（与私密行为相对照）所具有的兼容性，如购物与步行交通、参观游览与休闲社交等行为可以相互兼容。公共空间的空间特质即表现为空间和功能组织的复合性，这也是公共空间设计的重要原则之一（图2-11）。

复合性原则在公共空间功能组织上的应用主要体现在不同功能之间的复合。公共空间作为建筑所提供的公共活动场所，应具有对城市生活的广泛容纳度。应通过功能的复合化，提供更多的城市生活内容，如将商业、休憩、娱乐等功能混合配置，满足人们对城市公共生活的多样化要求，从而使其更具活力。

（1）功能之间的兼容。建筑内部功能和其他功能在相互组合时，要先保证两种功能具有兼容性（如购物与步行交通、娱乐与休闲等）。另外，各种使用功能不发生干扰是功能综合化的前提（图2-12）。

图2-11　昆泰国际中心商业街（1）　　　　　图2-12　昆泰国际中心商业街（2）

（2）功能之间的互动与激发。在公共空间的设计中，不仅要使建筑内部功能与城市功能单元相互渗透和兼容，还要创造积极的环境秩序，促使各种功能在复合的过程中相互促进和激发，产生"集聚效应"，提高功能效率。

（3）利用时间段的互补。城市中不同性质的行为，其发生时间往往不同。办公活动常发生在白天，购物活动常发生在傍晚，晚上则是娱乐场所最热闹的时候。所以，公共空间应运用全时化组织观念将发生在不同时段的功能活动按照其空间顺序的不同要求组织起来，使各功能在时间段上互相补充，从而保证空间利用的全时性和持续性（图2-13）。

（4）功能组织的集约化。功能组织的集约化是指城市建筑在占有有限土地资源的前提下，形成紧凑、高效、有序的功能组织模式。功能组织的集约化实现了空间的高效利用，能够缓解城市土地紧张的压力，而且集约化的功能组织模式所带来的高效率及便捷性也适合现代快节奏的生活方式。

（5）功能组织的延续化。功能组织的延续化指多个功能单元间的串联、渗透和延续。延续化的直接动因来自现代城市生活的多元化和运作的便捷性需求，许多公共行为之间具有有机的内在关联。如休息空间与步行道、餐饮空间、聚会空间等，这些相关的功能安排应尽量接近，或叠合连续布置。这样人们在使用过程中就能连续地完成一系列相关行为。这在方便人们使用需求的同时，刺激了人们的消费行为（图2-14）。

图2-13　城市广场夜景　　　　　图2-14　步行街内的餐饮店

三、开放性原则

开放性原则是公共空间最本质的原则,它决定了场所的性质,也是公共空间中"公共"的意义所在。只有具有开放性,才能够容纳城市人流,带来丰富性和多样性,使空间充满活力,实现建筑与人的互动。所谓开放,指的是不加限制,人人都可到达,人人都能享有的一种状态。它在公共空间设计中包括行为上的开放性和形式上的开放性。

行为的开放性包括可达性和可参与性,属于功能和管理层面的内容。它是指在使用过程中,公共空间具有相当的开放度,不受管理上的限制,可随意进入,随时使用、参与。

形式上的开放性是纯粹从建筑的角度而言的,指的是其开放性在形式上的可感知性。其要求空间本身在视觉上、感受上能够传达给人们该空间是公共空间的信息,以使人们参与其中,包括空间本身的围合程度、材料的使用、氛围的营造等,如上海新世纪商厦。上海新世纪商厦由一座 11 层百货商店及一幢 21 层办公楼组成,其百货商店外部设有一面 5 层高的弧形墙,墙上开设了 12 个拱形落地窗,界定出 3 200 m^2 的半内外广场空间,为顾客提供了可聚散、购物、游览的良好环境(图 2-15)。

行为上的开放性和形式上的开放性是分不开的。在公共空间设计中做到二者兼备,才能使公共空间更好地为人们服务。至于公共空间的开放程度,如高度、宽度等,也可用来表示公共空间与社会、城市生活的联系程度,以及自由出入其中的城市居民对建筑的感受。

四、不定性原则

不定性原则是由城市生活的多样性和个体行为的不定性决定的,如休闲、演出、买卖、集会等活动会随机地发生。同一地点的活动也会随着时间等条件的变化而改变,比如建筑的外廊,有时只是交通空间,有时是休闲场所,人们可以在此谈天、下棋、读书(图 2-16)。人们行为的多样性和不确定性对设计提出了灵活的要求。城市生活的引入为公共空间设计带来了相当的复杂性和随机性。

一般建筑的空间与功能总是保持具体的对应关系。公共空间则不一样,因为需要对应的功能太多,所以只能表现模糊多义的空间特质,采用"不定空间"适应功能上的多样性、不定性。具体在构建上,空间的围合应灵活、不封闭,保证人们行为的流动性,为人们的活动提供更多的选择余地和想象空间。另外,空间环境设施应丰富多样,满足不同行为的需要。

不定性原则并不是无法给出精确的答案,而是用一种富于弹性的、可变化的方式解决问题,给事物的发展留有更多余地。不定性原则衍生出空间的多义性与可选择性。多义性带来了生活的多样性和丰富性,可选择性则赋予了人们更多的自主性。人们普遍厌倦单调而喜欢丰富。不定性以及随之产生的多义性和可选择性正是公共空间的魅力所在(图 2-17)。

图 2-15 上海新世纪商厦的多功能广场空间

图 2-16 建筑的外廊设计提供了更多随机性的场所

图 2-17 商厦广场设计表现出的不定性

五、实用性原则

绝大部分的建筑物和环境都具有十分明确的使用价值，满足公共空间的使用价值是设计的根本，投资者和未来的使用者是使用价值表达的主体，设计方案必须体现项目的使用价值，所以公共空间设计的基本原则是实用性原则，如果违背了这一原则，公共空间设计的价值就无从谈起（图2-18）。

图2-18　办公空间中的洽谈空间

六、舒适性原则

公共空间对于大众利益的理解和提供服务负有特殊的责任，好的公共空间设计应该做到为人服务、以人为本。根据人的工作需要、生活习惯、视觉心理等因素，设计一个人们普遍乐于接受的环境是公共空间设计的最终目标。舒适性体现在空间的尺度、材料的使用、色彩与文化心理等多个方面（图2-19）。

七、技术与工艺适用原则

设计是一个全方位的、综合思考的过程，除了对结构、功能、色调等方面的考虑外，还要对材料和技术与工艺的运用进行分析。结合当地的材料和技术条件以及成本来进行方案设计，是公共空间设计的一个重要原则，否则再好的设计都有可能无法实现。是否能因地制宜地开展设计与施工活动是衡量一个设计师优秀与否的重要标准。

图2-19　舒适的餐饮空间

八、形式美原则

公共空间设计不管风格如何、流派怎样，都要遵循一定的形式美法则。形式美法则是人类在创造美的形式、美的过程中对美的形式规律的总结和概括。

1. 平衡

在空间视觉中，左右、前后相对平衡的空间会使人感觉均衡、安定。所以对设计师来讲，追求空间的平衡较为重要（图2-20）。空间中的事物存在视觉重量，即视重。在空间中，视重一般有以下几个特点：

（1）大的物体和空间比小的物体和空间显得视重大；

(2)不透明的物体比透明的物体显得视重大;

(3)实心的物体比空心的物体显得视重大;

(4)鲜艳、明亮、纯度高、暖色的物体比灰色、暗淡、冷色的物体显得视重大;

(5)不规则的物体比和谐朴素的物体显得视重大;

(6)视线上的物体比视线下的物体显得视重大。

正因为如此,在现实生活中,一幅小的装饰挂画能与一面深色的门达到平衡。在室内设计中,要寻求这种大小悬殊、有差距对比的相互作用的平衡关系。在公共空间设计中,主要有三种平衡方式:

(1)对称平衡。左右相等的平衡称为对称平衡。这是一种相对正规的平衡。例如中式家居的家具布置、故宫的对称布局、鸟类的羽翼、花木的叶子等。对称平衡让人感觉宁静、和谐(图2-21),但如果运用不当,往往会显得单调、无趣、平庸,有时,在整体对称的格局中加入一些不对称的因素,反而能增加生动性和美感。

图 2-20 平衡的空间

图 2-21 对称平衡空间

(2)不对称平衡。虽然左、右的形态语言不一样,如尺寸、颜色、形状等具有差异,却能达到视重左、右相近的平衡称为不对称平衡。这是一种非正式的平衡,富有动感、自由、灵活(图2-22)。

(3)中心放射平衡。将单元体重复地围绕一个中心进行布置摆放,即可构成一种由中心向外发散的平衡关系。这种平衡在现实生活中很常见,如吊灯、涟漪、花纹图案等,它跟直角形态的物体相比具有很大的视觉差异。

图 2-22 不对称平衡空间

2. 节奏

节奏是连续的、循环的或规律性的运动,它在整个公共空间设计中起到的作用是不可忽视的,通过节奏的运用,可以实现总体的统一性与多样性。表现节奏有四种基本方法:重复、渐进、过渡和对比。

(1)重复。指对单一体的重复使用,如形态造型、颜色、材质和图案的重复。在使用重复的方法时,要重视特点突出的形态,注重整体效果,避免单调、零乱(图2-23)。

(2)渐进。让一种元素按照一定的次序或规律排列或渐变即形成渐进。它是有序的、规则的变化。

（3）过渡。该表现形式柔和、缓慢、连续，变化微妙，可使人的视觉导向更加自然、顺畅，例如由圆形向三角形的转变（图2-24）。

（4）对比。有反差就有对比，这里讲的对比是有意识的变化，故意强调差距。把反差很大的两个视觉要素成功地搭配在一起，可使主题更加鲜明，视觉效果更加活跃。它体现了矛盾统一的世界观。对比法则被广泛应用在现代设计当中，具有很强的实用性（图2-25）。

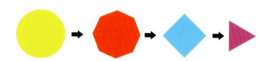

图 2-24 圆形向三角形的转变

图 2-23 重复形态在空间中的使用

图 2-25 色彩对比

3. 强调

强调可起到画龙点睛的作用。设计师在处理主次关系的时候，常常有意识地运用强调和弱化手法。但在公共空间设计中，不可能处处强调，因为这样会使人感觉零乱、无所适从和主次不分。成功的公共空间设计应该主次分明。

4. 比例

比例是部分与部分或部分与整体之间的数量关系。它是精确的比率概念。人们在长期的生产实践和生活活动中一直在运用比例关系，并以人体自身的尺度为中心，根据自身活动的方便性总结出各种尺度标准，这在公共空间设计中非常重要。合理恰当的比例有一种和谐的美感。进行公共空间设计时，通常要强调人体与家具、人体与空间、空间与陈设的尺度关系，以获得空间舒适感。合适的比例让人感觉舒畅自由，相反则让人感觉压抑而滑稽。

5. 和谐

世间万物，无论形态如何千变万化，其存在都有一定的规律。在设计中，单独的一种颜色、一种线条无所谓和谐，几种要素具有基本的共通性和融合性才能称为和谐。例如一组协调的色块、一组排列有序的图形等。当然，在和谐的组合中也要保持部分的差异性，当差异性表现得显著和强烈时，和谐就向对比转化。一个好的公共空间设计一定是和谐的。在利用空间的限定元素进行造型时，应运用类似的色彩与材质达到空间的统一；在统一的基础上，要对造型元素进行强调和对比，体现空间的多样性，丰富空间变化及层次。

6. 联想与意境

联想是思维的延伸，即由一种事物延伸到另外一种事物。各种视觉形象及其要素都会产生不同的联想与意境，由此产生的空间氛围作为一种视觉语义的表达方法，被广泛地运用在公共空间设计中。

第二章 公共空间设计基础知识 027

随着科技文化的发展及公共空间设计水平的不断提高,人们对美的形式法则的认识将不断深化,它不是僵硬的教条,要细致体会、灵活运用。

第三节 公共空间设计的风格

一、传统风格

传统风格是在室内空间布局、装饰造型、色彩及陈设等方面,吸取传统建筑及装饰中的"形""神"特征,但其功能仍然服务于当代人的生活,立足于现代科技(图2-26)。由于地域的差异以及历代建筑及空间设计的特点不同,传统风格的样式具有多样性,如既有唐风空间设计,也有明、清特色空间设计等。

二、现代风格

现代风格是将现代抽象艺术的创作思想及其成果引入室内装饰设计所形成的一种简洁、质朴、清新、抽象而明快的艺术风格形式。现代风格力求创造适应工业时代精神、独具新意的简化装饰,使之更接近人们的生活。其装饰特点是:由曲线和非对称线条构成;大量使用金属构件,将玻璃、瓷砖等新工艺,以及铁艺制品、陶艺制品等综合运用于室内;注意室内外空间的沟通(图2-27)。

图2-26 带有传统元素的室内空间

图2-27 现代风格的室内空间

三、后现代风格

后现代风格在创作时强调"隐喻""装饰"和"文脉",在形式上突破了现代主义的标准风格,更多地表现地域文化、习俗,将设计风格引向多元化,体现出一种对现代主义纯理性的逆反心理。

后现代风格探索创新造型手法,讲究人情味,常在室内设置夸张、变形柱式和断裂的拱券,或把古典构件的抽象形式以新的手法组合在一起，即采用非传统的混合、叠加、错位、裂变等手法和象征、隐喻等手段，创造一种兼具感性与理性、集传统与现代为一体的建筑和室内环境。澳大利亚悉尼歌剧院即后现代主义风格的代表作之一（图 2-28）。

四、自然风格

自然风格倡导"回归自然"，将自然中的元素纳入公共空间设计，在室内空间、界面处理、家具陈设以及各种装饰要素之中融入乡土风情。在当今科技发达、节奏快速的社会生活中，自然风格的公共空间设计可满足人们对阳光、空气和水等自然环境的渴望。自然风格常采用大量木材、石材、竹器等自然材料，运用大量自然符号，让室内环境体现自然特征（图 2-29）。

五、混合型风格

混合型风格的公共空间设计常运用多种风格的设计元素和体例，不拘一格，深入推敲形体、色彩、材质等方面的总体构图和视觉效果，呈现绚丽多姿的空间样态（图 2-30）。

图 2-28 悉尼歌剧院

图 2-29 带有浓郁自然特色的餐厅空间

图 2-30 混合风格的包房设计

第四节 公共空间设计的流派

一、高技派

高技派注重"高度工业技术"的表现，喜欢使用最新的材料，尤其是不锈钢、铝塑板或合金材料，作为室内装饰及家具设计的主要材料。其常把结构或机械组织暴露在外，如把室内水管、风管暴露在外，或布置使用透明的、裸露机械零件的家用电器等。其在功能上强调现代居室的视听功能或自动化设施，家用电器是其主要陈设，构件节点精巧、细致，室内艺术品均为抽象艺术风格。理查德·罗杰斯是高技派的重要代表人物之一，其代表作是巴黎乔治·蓬皮杜国家艺术文化中心（图 2-31）。

图 2-31 巴黎乔治·蓬皮杜国家艺术文化中心

二、光亮派

光亮派也称银色派，在公共空间设计中极力体现新型材料及现代加工工艺的精密细致与光亮效果。其往往在室内大量采用镜面及平曲面玻璃、不锈钢、磨光的花岗石和大理石等作为装饰面材；在室内环境的照明方面，常使用反射、折射等各类新型光源和灯具，它们在金属和镜面材料的烘托下，形成光彩照人、绚丽夺目的室内环境（图2-32）。

三、白色派

白色派将空间和光线作为公共空间设计的重点，为了强调空间和光线，在室内装修选材时，墙面和顶棚一般均为白色材质，或者在白色中带有隐隐约约的色彩倾向。其善于运用材料的肌理效果，如突出石材的自然纹理和片石的自然凹凸，以取得生动的效果（图2-33）。地面往往采用淡雅的自然材质的覆盖物，如浅色调地毯或灰地毯。白色派多将陈设作为色彩设计的重点，简洁大方。

图 2-32　光亮派作品

图 2-33　亚特兰大高级美术馆

四、超现实派

超现实派追求所谓超越现实的艺术效果，在室内布置中常采用异常的空间组织形式，喜用曲面或具有流动型弧线的界面、浓重的色彩、变幻莫测的光影、造型奇特的家具与设备，有时还以现代绘画或雕塑烘托超现实的环境气氛。超现实派的空间环境较为适合具有特殊视觉形象要求的某些展示或娱乐空间（图2-34）。

五、装饰艺术派

装饰艺术派起源于20世纪20年代法国巴黎召开的一次装饰艺术与现代工业国际博览会，后传至美国等地。美国早期兴建的一些摩天大楼采用的即装饰艺术派的手法。装饰艺术派善于运用多层次的几何线型及图案，着重装饰建筑内外门窗线脚、檐口及建筑腰线、顶角线等部位。近年来一些宾馆和大型商场的室内空间，常在现代风格的基础上，在建筑细部饰以装饰艺术派的图案和纹样（图2-35）。

图 2-34 奇特的娱乐空间

图 2-35 克莱斯勒大厦

第五节　公共空间设计的发展趋势

一、回归自然的趋势

【作品欣赏】商业空间设计案例（3）

随着环境保护意识的增强，人们更向往自然，渴望使用自然材料、住在天然绿色的环境中。北欧的斯堪的纳维亚设计流派由此兴起，并对世界各国产生了巨大影响。该流派在住宅中创造舒适的田园气氛，强调自然色彩和天然材料的应用，采用了许多民间艺术手法和元素。在此基础上，设计师不断在"回归自然"上下功夫，创造新的肌理效果，运用具象和抽象的设计手法使人们更加接近自然（图2-36）。

图 2-36 强调回归自然的室内空间

二、艺术化趋势

随着社会物质财富的丰富，人们希望从"物的堆积"中解放出来，要求室内各种物件之间存在整体之美。正如法国启蒙思想家狄德罗所说："美与丑的关系俱生、俱长、俱灭。"公共空间设计是整体艺术，它应是对空间、形体、色彩以及虚实关系的把握，对功能组合关系的把握，对意境创造的把握以及对周围环境关系的协调。许多成功的公共空间设计实例在艺术上都强调整体统一的作用（图 2-37）。

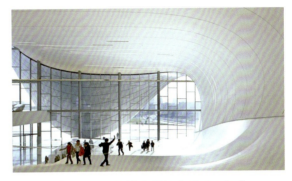

图 2-37　强调艺术性的公共空间设计

三、高度现代化趋势

随着科学技术的发展，很多新材料、新技术和新工艺被不断应用到建筑和环境设计领域，公共空间设计往往是最早采用现代科技手段的设计领域，在环境的声、光、色、形的表现上探索新颖的表现形式，以期创造现代、时尚、高效、快节奏和充满未来感的环境艺术效果（图 2-38 和图 2-39）。

图 2-38　澳门新濠天地酒店中庭设计

图 2-39　充满未来感的公共空间设计

四、民族化与多元化并存趋势

后现代公共空间设计的理念非常强调对地域文化和民族文化的借鉴和运用。将历史上的优秀建筑装饰手法和装饰符号运用于现代公共空间设计，是丰富空间文化内涵的重要手段，它会给人以历史的联想并激发其对异域文化的好奇。多元化打破了现代建筑的局限性，极大地丰富了建筑内部空间的个性与情感。对传统装饰文化和异域装饰文化的运用既可以是单一风格的运用，也可以将多种风格糅合在一起（图 2-40）。

五、智能化趋势

城市人口集中，为了使人们的生活更加高效、方便，现代公共空间设计十分重视发展智能化服务设

图 2-40　民族元素在现代公共空间中的运用

施。如许多公共空间配有计算机问询、解答、向导系统，自动售票检票，自动开启、关闭进出站口通道等设施，给人们带来了极大的方便。

 本章小结

  本章主要讲述了公共空间设计的内容、原则、风格、流派和发展趋势，其中公共空间设计的内容、原则是重点，发展趋势也非常值得关注。

 思考与实训

1. 选择你所在学校的某个公共空间进行设计内容分析，看其是否符合相关设计原则。
2. 找一个你感兴趣的公共空间，分析其所属风格或流派。
3. 调查并思考公共空间设计的最新发展趋势。

CHAPTER THREE

第三章　公共空间设计专业知识

知识目标

　　了解公共空间设计与建筑装饰材料、人体工程学、环境心理学、建筑光学、色彩设计、导向及标识设计之间的关系，熟悉并掌握建筑装饰材料、人体工程学、环境心理学、建筑光学、色彩设计、导向及标识设计的相关知识。

能力目标

　　能从建筑装饰材料、人体工程学、环境心理学、建筑光学、色彩设计、导向及标识设计等角度分析具体公共空间设计的好坏，并能提出改进方法。

第一节　公共空间设计与建筑装饰材料

　　材料是公共空间设计的基础。随着人类对自然的认识水平的提高和生产力的发展，人们对自然材料的加工和使用也越来越广泛。古代欧洲以罗马为代表的石建筑，古代亚洲以中国为代表的木结构建筑和泥石建筑都具体地说明了这一点。人类从最初利用自然材料到对自然材料进行加工制作，经历了漫长的岁月。到了工业社会，大机器生产使材料批量加工生产成为现实，为改善人类的居住环境提供了充分的技术条件。特别是到了现代社会，高新技术的发展和应用，使现代建筑和室内材料的种类和性能越来越多，无论是对自然材料（木、石、泥等）的进一步生产和加工，还是对现代装饰材料如金属、玻璃、塑料、石英等的应用，都达到了前所未有的高度，为装饰材料的设计、选择和利用提供了丰富的物质基础。所谓建筑装饰材料，从广义上讲，是指构成建筑内部空间（即室内环境）各要素部件的材料。简而言之，除了人自身的穿戴外，在建筑空间中，凡是能被看到的物体都可以称为建筑装饰材料。由于公共空间主要是由地面、墙面和顶面三大空间界面构成的，所以，从某种意义上讲，建筑装饰材料主要是指构成这三大空间界面的各种材料。

一、建筑装饰材料的属性与作用

1. 功能性

在公共空间设计中，建筑材料的功能往往由其物理性能决定。各种材料的化学和物理特性不同，其使用的功能和范围也不同。建筑装饰材料在质地的硬度、材质表面的肌理粗细程度、抗腐蚀、防水、防滑、隔热、阻燃、隔声、易锻造和成型等性能方面存在差异，在实际的运用中体现出不同的用途。例如，公共空间的大厅或者走廊必须选用耐磨的瓷砖等材料；壁纸不可用于厨、厕等空间；而木质地板不适用于卫生间。

2. 视觉特性

在公共空间的建筑装饰材料构成中，人们在视觉上已经形成了一定的经验和概念，有些材料给人冰冷和坚毅的感觉，如大理石、不锈钢等；有些材料给人亲切柔和的感觉，如地毯、纺织面料等；有些材料在视觉上给人以硬度上的差异感，如金属和水泥材料与木材和塑料的硬度对比；有些材料在材料表面的肌理和色彩上也会给人以不同的视觉感受。

3. 物理特性

在材料设计中，有时会针对局部的设计缺陷和不足，采用某类材料去弥补，这样做的依据，就是此种材料的物理特性。因此，对材料的三大物理特性（光学特性、声学特性、热工特性）和隔声、隔热、反射、透光等指标的掌握，在材料设计中十分重要。如设计中为了消除眩光、局部刺眼的缺陷，可利用磨砂玻璃、乳白玻璃和光学格栅等形式，使光线均匀散布。

4. 审美特性

公共空间的环境气氛和情调的形成，在很大程度上取决于材料本身的色彩、图案、式样、材质和肌理纹样，这些因素很多都是在自然生长和生产的过程中形成的，关键在于设计时的选择。如木质材料的天然色彩和自然纹理都给人以亲切、自然和温暖感；玻璃材质给人以晶莹剔透、光芒四射之感；不锈钢和钛合金则给人以现代、豪华的感觉。

二、建筑装饰材料的种类及特性

建筑装饰材料可按其生产流通、销售分类，也可按其本身的物理特性分类，如光学材料（透光或不透光）、声学材料（吸声、反射、隔声）、热工材料（保温、隔热）。建筑装饰材料还可分为自然材料和人工材料等。

1. 金属材料

金属材料由于质地坚硬、抗压承重、耐久性强、易于保养且表面易于处理，故多用于以下两大方面：一是用于建筑结构和装修中的承重抗压结构；二是用于装修表面的美化装饰。受力金属材料一般较厚重，多用来做承重抗压的骨架，如扶手、楼梯等；而装饰金属材料较薄，易加工处理，多用于表面装饰。色泽鲜明是金属材料的最大特点。铝材质量较轻，广泛应用于门窗、栏杆、幕墙等，是用得最多的金属材料。不锈钢色泽光亮，更具有现代感。钢材、镀钛金属材料华丽、高贵、档次高，古铜色的金属材料具有典雅之美。

公共空间设计中常用的金属材料有以下 6 种：

（1）普通钢材：工字钢、槽钢、角钢、扁钢、钢管、钢板等。

（2）铁件：三角铁、工字铁、铸铁件、铁皮、铁板等。

（3）镀锌材：镀锌圆管、方管，镀锌板、镀锌花管等。

（4）不锈钢材：不锈钢镜面板、亚光板、不锈钢管、球体，各种不锈钢角、槽及加工件等。

（5）铝材：各种铝合金门窗及隔墙材、吊顶主板等。

（6）铜材和钛金材：铜钛金管、钛金镜面板、铜板、铜条，各种钛金角、槽及加工件等。

在使用金属材料时，要注意和了解所用材料的性质，在加工、切割和进行弯角、圆弧面处理时要精细，尤其要注意尺寸的收放，以免留下难以弥补的缺陷。

2. 石质材料

饰面石材是指在天然石材的基础上，经过加工而成的块状和板状及其他形状的石质材料。从欧洲古代建筑到现代室内装饰，石材的运用十分广泛。它分为天然石材和人造石材两种。天然石材有火成岩、沉积岩，以及由变质岩所形成的天然花岗石和天然大理石（图3-1和图3-2）。人造石材即将天然石材的石渣作为骨料，经过工艺生产而做成的石材。

图3-1　天然花岗石

图3-2　天然大理石

（1）天然花岗石。其主要矿物成分为长石、石英、云母等，其特点是构造致密、硬度大、耐磨、耐压、耐火、耐腐蚀等，可用几百年，多作为外墙、地面使用，属于建筑装饰材料中的高档材料。

（2）天然大理石。其由沉积和变质的碳酸盐一类的岩石构成，质细密、坚实，其颜色、品质和种类较丰富。作为一种高档石材天然大理石可适应各种设计，但相对于天然花岗石，其耐磨性、耐风性较差，易变色，多用于室内装饰。

（3）人造石材。其包括人造花岗石及人造大理石，以天然花岗石、天然大理石石渣为骨料，加以树脂胶结剂等，经特殊工艺加工而成，可切割成片、磨光等。与天然石材相比，其质量、耐磨性、抗压性等方面均低于天然石材。但其颜色、纹理可自由设计，价格较低，易于被广大客户接受，被广泛应用于公共空间设计（图3-3和图3-4）。

图3-3　人造石材局部

图3-4　人造石材样板

3. 陶瓷材料

陶瓷是陶类和瓷类产品的总称。因其材质和生产工艺不同，产品的使用范围也有所不同，一般分为地面用陶瓷砖和墙面用陶瓷砖。其按使用场地分为室内用陶瓷砖和室外用陶瓷砖。陶瓷砖一般表面粗糙无光、不透明，有一定的吸水率，分为有釉和无釉两种。陶瓷砖坯体细密，经施釉高温烧制瓷化而成，其质地坚硬、耐磨性好，吸水率近于零，色彩美观丰富，可抛光如镜，装饰效果极佳。陶瓷材料多用于餐厅、厨房、卫生间、浴室、阳台及内外墙面和各种地面，易于清洁保养。随着陶瓷工艺水平的不断提高，其图案式样、尺寸规格、花色品种越来越多，是空间设计的常用材料（图3-5～图3-7）。

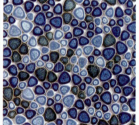

图 3-5　艺术陶瓷　　　　　　图 3-6　陶瓷在卫生间的使用　　　　　　图 3-7　陶瓷马赛克

4. 木材

木材材质轻并具有韧性，耐压抗冲击，对电、热、声有良好的绝缘性，这是其他材料难以替代的，因此在公共空间设计中经常被使用。木材纹理美观、色彩柔和温暖、富有质朴感，为人们所钟爱。

（1）原木板方材。原木板方材是在原木的基础上，根据实际所需尺寸，直接加工运用的板材和方材。

（2）人造板材。人造板材是为了消除天然原木由于生长等原因带来的不足，利用木材加工所剩的边角废料，用科学的生产工艺所生产的板材，常用的有胶合板（俗称"三层板""五层板"）、纤维板、细木工板、饰面防火板等。

（3）复合木地板。复合木地板是一类高级的地面装饰材料，直接用各种原木（如水曲柳、楸木、山地木、柳桉、松木、桦木、红木等）加工而成；也可用复合构造的木板，贴上单层和多层胶合木组合而成。复合木地板常用的接口方式有企口和平口两种，可拼成各种形式和图案。

（4）实木线条和雕花。实木线条和雕花是用木质材料加工而成的装饰条、雕花贴皮等，可用于制作大小阴阳角和踢脚线等。

5. 玻璃材料

玻璃是由石英砂、纯碱、石灰石与其他辅材，经1 600 ℃左右高温熔化成型并经急冷而制成的材料。玻璃依据透光性或反射性分为镜面、透明玻璃、半透明玻璃、镜面玻璃等。现在，玻璃已不再被作为单一的采光材料使用，而是向可隔热、减噪声、控制光量、节能、减轻建筑体量、拓展空间等多功能方向发展。玻璃种类繁多，功能强大，经二次加工后，具有强烈的装饰效果。常用的玻璃有一般的清玻璃、压花玻璃、毛面玻璃、紫外线反射玻璃、钢化玻璃、雕刻玻璃、印花玻璃、彩绘玻璃、热熔玻璃、冰片玻璃、夹丝玻璃、镀膜玻璃、异型玻璃、镜面玻璃、玻璃马赛克、玻璃空心砖、彩石玻璃等。

6. 石膏板材料

石膏板是以熟石膏为主要原料加入适当添加剂与纤维制成的，具有质轻、绝热、吸声、不燃和可锯可钉等性能。将石膏板与轻钢龙骨结合，就构成了轻钢龙骨石膏板。石膏板可分为以下几种：

（1）纸面石膏板。纸面石膏板是在熟石灰中加入适量的轻质填料、纤维、发泡剂、缓凝剂等，加水拌成料浆，浇注在重磅纸上，成型后覆以上层纸面，经过凝固、切断、烘干而成。上层纸面经特殊处理后，可制成防火或防水纸面石膏板，另外石膏板芯材内亦含有防火或防水成分。防水纸面石膏板不需要再做抹灰饰面，但不适合用在雨篷或其他高湿部位。

（2）装饰石膏板。装饰石膏板是在熟石膏中加入占石膏质量0.5%~2%的纤维材料和少量胶料，加水搅拌、成型、修边而成，通常为正方形，有平板、多孔板、花纹板等。

（3）纤维石膏板。纤维石膏板是将净玻璃纤维、纸浆或矿棉等纤维放置在水中松解后，在离心机中与石膏混合制成浆料，然后在长网成型机上经铺浆、脱水制成的无纸面石膏板。它的抗弯强度和弹性高于其他石膏板。除隔墙、吊顶外，其也可以制成家具。

（4）空心石膏板条。空心石膏板条的生产方法与普通混凝土空心板类似，会加入纤维材质和轻质材料，以提高板的抗折强度和减轻质量。这种板不用纸和黏结剂，也不用龙骨，施工方便，是发展较快的一种轻质墙板。

7. 塑胶材料

塑胶材料是由天然树脂、人工合成树脂、纤维素、橡胶等人工或天然高分子有机化合物构成的材料。这些化合物材料在一定的高温、高压下，经过工艺流程，可被塑制成日常生活和室内装饰用的各种物品。塑胶制品的性能是质轻、装饰感较强、机械物理性能良好，在常温常压下不易变形，具有抗腐和抗电特性，但耐热性较差，易老化。塑胶材料类装饰产品目前在公共空间设计中应用也较为广泛，产品种类较多，有塑胶地砖、地板等。装饰板材中有塑胶壁板、墙脚板、塑胶浮雕板、钙塑装饰板、PVC中空板和导管、扣板及阴阳角装饰压条、仿真有机玻璃板、人造皮革等。特别是自贴性塑胶装饰条纹、铝塑板等更是豪华装饰材料中的新宠。

8. 壁纸

壁纸因其质感温暖柔和、典雅舒适，成为美饰墙面、吊顶时使用最为广泛的一种装饰材料。随着生产工艺和科学技术的不断更新，新一代壁纸以价格适宜、色彩变化多样、色泽一致、施工方便易行、可清洗、图案花色多等优点占据了市场。除一般壁纸外，更有许多特殊效果的壁纸面世，如仿石材、仿木纹等仿真壁纸，其施工快速简便，可达到以假乱真的装饰效果。在设计、选择和使用壁纸时，应根据不同的要求选择不同质地的壁纸，更应该考虑客户的接受能力和喜好。壁纸可分为素色及花色两种。素色有全素色和暗纹素色两种，其色泽应保持一致，以便施工，花色有大花、中花、小花，花纹有平面、凹凸等形式。常用的壁纸有纸基壁纸、普通壁纸、纺织壁纸、天然材料壁纸、塑胶壁纸、布帛金箔壁纸、绒质壁纸、泡棉壁纸、仿真系列壁纸、特种塑料壁纸等（图3-8）。

图3-8 具有古典韵味的壁纸

9. 涂料

涂料是指涂于物体表面并能与基体很好地黏结，在表层形成完整而坚韧的保护膜的材料。涂料的种类繁多，除传统的油漆之外，还有多种新型涂料。涂料不但具有施工易行、价格合适、使用面广等特性，更具有美饰作用，无论室内室外、面积大小都可使用。它的主要成分为成膜物质（各种油类及天然树脂、合成树脂等）、颜料、稀释剂及催干固化材料等。其一般分为油漆类，胶着剂类，防火、防水类。常用的涂料有调和漆、树脂漆、聚酯漆、磁性漆、光漆、喷漆、防腐防锈漆、水泥漆、有机和无机高分子涂料、防火防水涂料、乳胶漆等。由于现在涂料种类繁多，用途不一，因此在设计施工中应根据具体要求使用涂料，并注意阅读使用说明书。

10. 装饰织物

在公共空间中，装饰织物是重要的装饰材料。室内装饰织物包括窗帘、床单、台布、地毯、挂毯、沙发蒙面等。装饰织物在公共空间设计中可以增强空间的艺术性、烘托空间气氛、点缀环境。装饰织物的艺术感染力主要取决于材料的质感、色彩、图案、纹理等。装饰织物的制作材料主要为毛、棉、麻、纱、丝、人造纤维等。

（1）窗帘。窗帘的主要功能是遮阳、隔声、防尘、避免视线干扰等，同时具有很强的装饰性（图3-9）。讲究的窗帘分外、中、内三层。外层一般用透明度较大的纱网、尼龙纱等，用来防止蚊虫进入，另外可以用来调节室内亮度；中层用绸、棉或化纤类织物，这类织物不宜太厚，用以遮阳和增加层次；内层可用丝绒或较厚的织物，这一层主要用来隔声、保暖和装饰。一般窗帘只用两层而把中间一层省去。

（2）床单、被罩、枕巾。一般来讲，床单应当淡雅一些，而床上的点缀物、枕巾、被罩应该用明度、彩度稍高的颜色，以起到互相衬托的作用。

（3）沙发面料。沙发面料的选用首先应当考虑其坚固性和耐用性，其次要求面料柔软、舒适，造型美观，颜色要与空间环境协调。

（4）地毯。地毯最早是作为游牧民族和沙漠民族的铺设物而出现的，后来随着工业生产的发展而得到普及。地毯覆盖面积较大，具有温暖感，其色彩、图案、质感都对空间环境的气氛、格调、意境的营造起很大作用。地毯因编织方式不同，可分为有毛圈的和无毛圈的两类；因材质的不同可分为纯毛地毯、混纺地毯、化纤地毯、塑料地毯、草编地毯。由于地毯具有柔软感、保温性和吸声性，脚感舒适，铺设施工简单，在现代公共空间的装饰中被广泛应用（图3-10）。

图3-9 窗帘在公共空间设计中的使用

图3-10 地毯在公共空间设计中的使用

11. 砖材

砖材在公共空间设计中使用得并不多，但因其具有承重、隔声、隔燃、防水火等作用，所以一般用于搭建室内隔墙、花台或其他基座等。另外，砖材朴拙、厚重，具有较强的装饰效果，也常以明露的方式在一些特殊装饰部位使用。

12. 瓦材

瓦材为传统建筑材料之一，与砖材一样，主要以黏土、水泥、砂为骨料，加上其他特殊材料，按一定比例搅和，由模具铸形，用人工或机械高压成型，再窑烧完成。如要增加色彩种类，可加入色粉，同时，表面可涂刷防水剂或涂料。瓦材的主要功能在于阻水、泄水、保温隔热，保护房屋内部不受雨淋。在现代公共空间设计中，瓦材常用于公共建筑的门檐庭院，有在现代中求传统，在传统中求现代的意味。瓦材除琉璃瓦外，还有黏土平瓦、水泥瓦、红瓦、小青瓦、筒瓦、脊瓦、石棉瓦等。

13. 水泥、混凝土

在公共空间装修工程中，往往会遇到对原有空间结构的整修和补修工程，因此水泥工程也是公共空间装修工程中的一个大项。水泥是一种很好的矿物胶凝材料，呈粉末状，与水拌和成浆状，经过物理化学变化过程，会由可塑性浆体变成坚硬的石状体。它不仅能在空气中硬化，更能在水中硬化，并不断增加强度。当加入骨材时，其就会凝固成坚硬而抗压的混凝土。需承重承压时，在混凝土中加入具有抗拉力的钢筋，则会成为钢筋混凝土。水泥、混凝土如通过一定的工艺手段处理，如彩色水泥粉刷、表面刮饰，水泥发泡造型塑造，表面水泥拉毛、洗石子、水磨石子、斩石子等，可达到意想不到的装饰效果。在装饰工程中使用水泥时，水泥的性能和强度等级不同，其用途也有所不同。常用的有普通硅酸盐水泥、彩色水泥、白水泥、加气水泥、超细密水泥等。

14. 装饰板贴面

装饰板贴面所指范围较广，包括现在市面上常用的各种饰面板材，如防火板、富丽板、宝丽板、木皮类板、美铝曲板、冲孔铝板、亚光暗纹不锈钢板等，其特点是耐湿、耐热、耐腐蚀，优于油漆面处理。特别是各种防火板，质地坚硬，有较强的防热、耐磨、耐腐功能。装饰板贴面花色品种很多，除了各种美观大方的装饰图案外，还可仿各种名贵树种纹理，仿天然花岗石、天然大理石纹理，仿皮革、草竹及纺织花纹等。同时，这类装饰贴面板表面光滑平整，极易清洗，施工也方便，不易变化，使用期长，是较理想的现代装饰面材，主要用于各种场所的墙面、踢脚板装饰，也可用于顶棚和家具等。

15. 其他复合材料

（1）"T"型铝材为较早的一种铝材龙骨架。烤漆龙骨为薄铁片卷压而成，表面再经过烤漆处理，强度和美饰作用都优于"T"型铝材。这两种复合材料都可以与成型的矿棉板、玻璃棉等配套使用，主要用于吊顶，施工简单易行。

（2）矿棉板是以无毒性的矿物质纤维为原料制成的。玻璃棉是一种无毒无机纤维材料，掺入硬化树脂经压制而成。两种材料均具有优良的防火隔热和吸声效果，材质都很轻。在公共空间设计中被大量用于大面积的室内吊顶。其方式有明龙骨吊顶和暗龙骨吊顶。其效果大方、高雅。

三、建筑装饰材料的选择

1. 吊顶材料的选择

吊顶虽不是人们直接接触的部位，也不是人们的视觉注意中心，但是长期存在于人们的头顶，是人们的心理意识关注的地方，不同材质的吊顶材料，会造成人们精神上的不同感受。用纺织物作吊顶材料时，有温柔、轻盈之感；用木板作吊顶材料时，有自然、质朴、轻松的效果；用透明的玻璃作吊顶材料时，会使人感觉置身室外，将自己融入大自然，使人感到亲切自然，精神爽畅。反之，吊顶用厚重的材料，如金属扣板等时，会给人一种庄重和压迫感。所以，在选择吊顶材料时，应考虑材料对人的心理所产生的影响。另外，由于吊顶不是人们常接触的部位，在其使用功能上，应尽量选择不易受污染和尘埃不易附着的材料，以便清扫。

2. 地面材料的选择

地面是空间中人们直接接触的主要部位，所以，在设计时要特别考虑地面的舒适性、安全性。地面材料的物理性能与人的感觉息息相关。如地毯具有弹性，使人感到柔软、温暖；花岗石地面坚实，给人以安全、踏实、厚重的感觉。另外，某些地方的地面材料选择，除了要考虑舒适性，还应考虑安全性，如楼梯浴厕等的地面应选择防滑地砖。

3. 立面材料的选择

立面通常指室内的四壁，是人们视觉和触觉所及面积最大的部位。其表面装饰材料往往会决定人们的视觉感受，其软硬度、表面的粗糙与平滑、色彩的深浅、图案的大小、纹理以及与家具设施的配合均会构成空间视觉的中心，形成一种氛围。所以，立面材料的选择，应充分考虑人们的视觉舒适性。另外，在某些容易受到损伤的部位，还应考虑立面材料的耐久性。

4. 隔断材料的选择

除正常的建筑材料外，用于公共空间的隔断材料品种繁多，类型多样。隔断形式可分为如下几种：

（1）永久性隔断。其一般使用耐磨损、抗老化材料，包括砖混、空心砖、铝合金、石膏板等。这种材料由于体量轻、密度大，被广泛采用。可根据需要进行装饰，也可利用干挂、湿贴、钉、粘等多种手法进行装饰。永久性隔断一般用在较封闭的空间，要求坚固、防火、防水。

（2）临时性隔断。其一般使用轻质材料，如铝合金龙骨、石膏板贴面、木龙骨多层板贴面、钢骨架玻璃等。虚空间还可利用木、竹、藤、纺织物等饰材。这种空间可以分为全封闭空间、半封闭空间两种。如需要自由装饰，一般采用吊、挂、贴、涂等手法，如雅间、酒吧、茶室等。

（3）可移动隔断。其一般用于大型的综合性场所，可专门制作或利用屏风、框、架、台和沙发座椅等物质材料做隔断，也可充分利用各种装饰材料对不同功能的公共空间进行设计。可移动隔断在造型上不受限制，可根据使用功能的需要进行灵活设计。有特色的移动隔断可采用灯饰、绿化、纤维艺术等制造出别具特色的虚拟隔断。可移动隔断在公共空间设计中可移动性大，有一定的随意性，在心理上常给人一种新奇的感受。

第二节 公共空间设计与人体工程学

公共空间设计离不开人体工程学，人体工程学是公共空间设计的重要参考依据。人体工程学在公共空间设计中的作用主要体现为：为确定空间范围提供依据；为设计家具提供依据；为确定感觉器官的适应能力提供依据。

一、为确定空间范围提供依据

影响空间大小、形状的因素相当多，但是，最主要的因素还是人的活动范围以及家具设备的数量和尺寸。因此，在确定空间范围时，必须搞清楚使用这个空间中的流动人数、每个人需要多大的活动面积、空间内有哪些家具设备以及这些家具和设备需要占用多大面积等。

作为研究问题的基础，首先要准确测出不同性别的成年人与儿童在立、坐、卧时的平均尺寸。还要测出人们在使用各种家具、设备和从事各种活动时所需空间的体积与高度，确定了空间可容纳的人数，就能确定空间的合理面积与高度。

二、为设计家具提供依据

家具的主要功能是实用，无论人体家具还是储存家具都要满足使用要求。属于人体家具的桌、椅、床等，要满足人坐卧舒适、工作方便、安全可靠、能减少疲劳感等需求。属于储存家具的柜、橱、架等，要有适合储存各种衣物的空间，并且便于人们存取。为满足上述要求，设计家具时要以人体工程学作为指导，使家具符合人体的基本尺寸和从事各种活动需要的尺寸。

三、为确定感觉器官的适应能力提供依据

人的感觉器官在什么情况下能够感觉到刺激物、什么样的刺激物是可以接受的、什么样的刺激物是不能接受的，都在感觉器官适用能力的讨论范畴之内。研究视觉、听觉、嗅觉、触觉方面的问题，找出其中的规律，对于确定室内环境的各种条件，如色彩配置、景物布局、温度、湿度、声学要求等都是必要的。

图 3-11 ~ 图 3-13 所示为人体在不同空间中与家具之间的尺度关系。

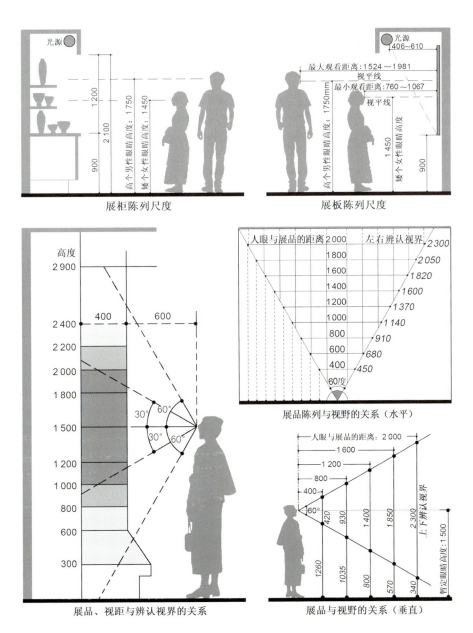

图 3-11 展示空间常用人体尺寸（单位：mm）

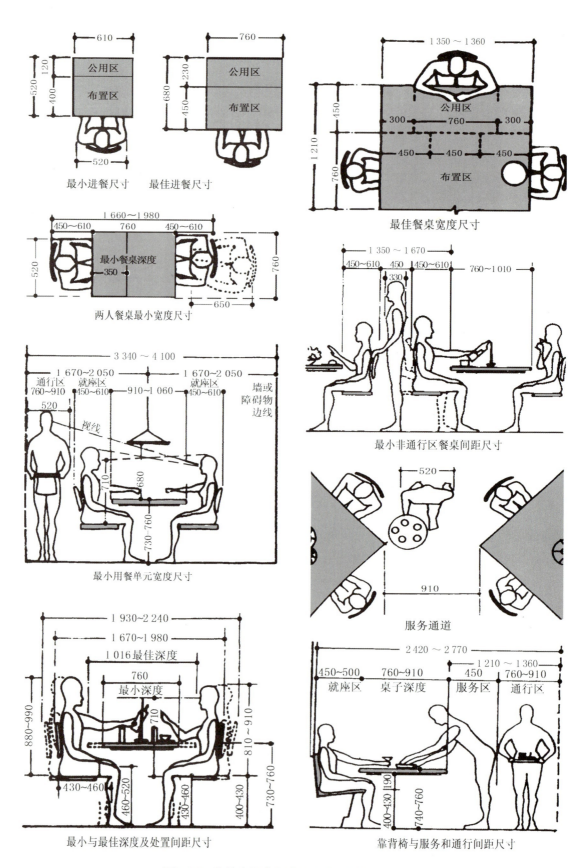

图 3-12 餐饮空间常用人体尺寸（单位：mm）

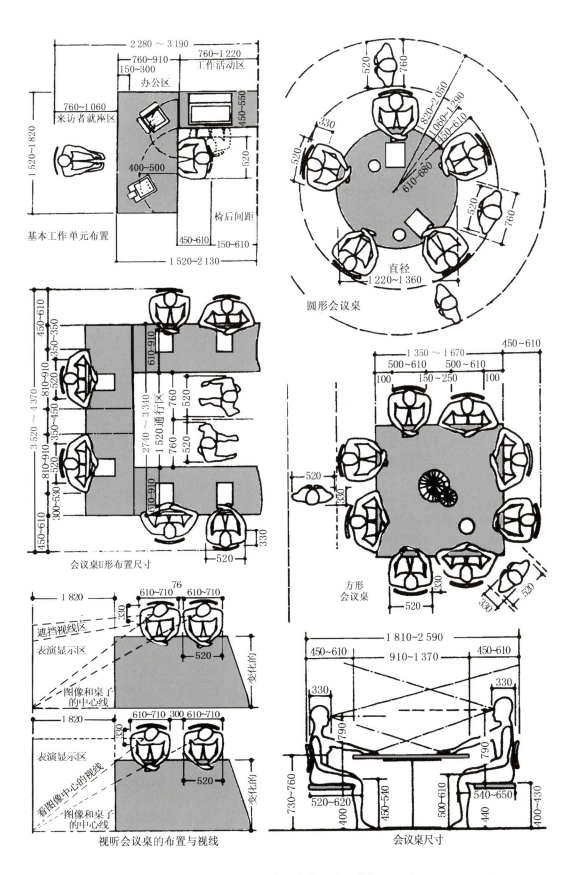

图 3-13　办公空间常用人体尺寸（单位：mm）

第三节 公共空间设计与环境心理学

"行为"是为了满足一定的目的、愿望而采取的行动状态。行为受需要与环境两个变量影响，行为源于动机，而动机源于需要。美国心理学家亚伯拉罕·马斯洛把人类的各种需求归纳为五个层次，称为"需求金字塔"，即生理、安全、交往、尊重和自我实现。人的行为心理是人们创造公共空间环境的理论依据。

环境心理学是研究环境与人的行为的相互关系的学科。它着重研究环境与人的行为的关系与相互作用，运用心理学的一些基本理论研究人在城市建筑内外环境中的状态，由此反馈到城市规划与建筑和环境设计中去，以改善人类的生存环境。环境心理学，一方面研究环境对人的心理影响；另一方面研究人的心理需求对环境提出的要求，进而根据人的心理需求改善和提高居住环境质量。人的行为属于心理学的范畴，人的环境行为就是人和环境相互作用的结果，其外在表现和空间的移动，环境行为和环境心理是对应的。以环境心理学为依据探讨人的行为需求，是创造公共空间环境的基础。

一、环境心理学的概念及发展

环境心理学是从心理学的角度对环境进行探讨，即"以人为本"，从人的心理特征考虑和研究问题，从而使人们对人与环境的关系、对怎样创造室内人工环境具有更为深刻的认识。环境心理学非常重视生活与人工环境中的心理倾向，把选择环境与创造环境结合起来研究。它是心理学的一部分，把人类的行为（包括经验、行为）与相应的环境（包括物质的、社会的、文化的等）的相互关系和相互作用结合起来加以分析，是汇集心理学、建筑学、人类学、地理学、城市规划学等多门学科的综合性学科。

对建筑环境与心理、行为之间关系的关注，最早在古希腊时期就已出现，如雅典卫城中的帕提侬神庙运用檐部内倾，角柱有侧脚以矫正视觉错误；用柱子卷杀等避免柱子中部显得过细的错觉的产生（图3-14）。系统的环境心理学研究始于20世纪70年代，随着多元化思想的传播，环境与人类的关系也日益被人们重视。行为是由人控制的，空间能诱发、促进或阻碍人的行为，而空间又是由人设计产生的，所以行为与空间的关联是必然存在的。人在空间中的行为与空间的设计有关，但在很多情况下，人并不按照设计时预定的行为进行活

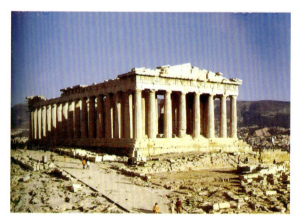

图3-14 帕提侬神庙

动，而是从事其他行为活动，所以空间与人的行为的关系不是单向的，而是双向的。如果行为是有意识的，空间会反映促进或妨碍行动的程度；适当的空间则会提升行为的效率。空间与行为的相互联系包括：空间诱发行为、空间促进行为、空间阻碍行为。空间中会很自然地出现某种行为，因为空间中存在诱发行为的各种因素。

二、环境心理学在公共空间设计中的应用

1. 气泡理论

私密感和领域感是人的基本心理需求,在公共空间中也不例外。美国心理学家萨默(R.Sommer)提出:每个人的身体周围都存在一个不可见的空间范围(即"气泡"),它随身体的移动而移动,任何对这个范围的侵犯与干扰都会引起人的焦虑不安。该气泡以人体为中心发散,前部较大,后部次之,两侧最小。

当个人空间受到侵犯时,被侵犯者会下意识地作出保护性反应,包括表情、手势和姿势等。

美国人类学家霍尔(E.Hall)据此提出了4种人际距离:

(1)密切距离。人与人的距离为0~15cm时,称为接近相密切距离,是爱抚、格斗、耳语、安慰、保护的距离。在此距离中嗅觉和放射热最为敏锐。人与人的距离为15~45cm时,称为远方相密切距离,是握手或接触对方的距离。密切距离一般出现在有特定关系的人之间。

(2)个体距离。人与人的距离为45~75cm时,称为接近相个体距离,是可以用手足向他人挑衅的距离。人与人的距离为75~120cm时,称为远方相个体距离,是可以亲切交谈,清楚地看到对方细小表情的距离。个体距离适于关系亲密的亲友。

(3)社交距离。人与人的距离为1.2~2.1m时,称为接近相社交距离,可不进行个人动作,属一般社会交往距离。人与人的距离为2.1~3.6m时,称为远方相社交距离,这一距离内的人们常常相互隔离、遮挡。

(4)公众距离。人与人的距离为3.6~7.5m时,称为接近相公众距离,这个距离可以逃跑或防范。人与人的距离大于7.5m时,称远方相公众距离,大部分公共活动都在这个距离范围内。

气泡理论为设计师的空间组织和空间划分提供了心理学上的依据。对于空间环境心理方面的设计,可根据人的心理距离和实际距离的关系、个人空间和他人空间的交叉、空间的开敞感和封闭感等恰当地组织空间,包括空间的围合、敞开、曲线变化等,调整空间的形状、面积、高度、距离等,并可结合装修、色彩、光线等手法获得良好的空间氛围。

例如符合功能要求的大型百货商场,若空间中的柱子过多,柜台、货位的摆放没有考虑顾客的心理和行为需求,超过了顾客的把握范围,嘈杂拥挤的环境会使人透不过气来,必然无法满足人们的心理需求。

环境影响人,人是有目的性和主动性的,可以通过研究人的心理、行为以及与环境的关系,创造行为需要的环境,使它们共处于相互作用的动态平衡系统中,避免使人出现消极行为,被动地承受环境(图3-15)。

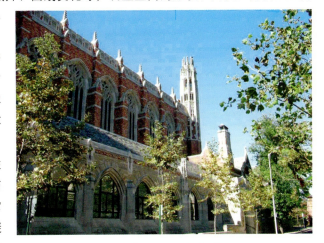

图3-15 耶鲁大学校园

2. 安全心理

安全心理也是环境心理学的研究内容之一,其应用到公共空间设计中,主要包括私密性与尽端趋向、依托的安全感、从众与趋光心理、左向通行和转弯习性、抄近路习性、识途性、聚集效应等。

(1)私密性与尽端趋向。私密性涉及相应空间范围内视线、声音等方面的隔绝要求。私密性在

居住类室内空间中要求更为突出。集体宿舍里先进入宿舍的人，总是挑选在房间尽端的床铺；就餐人最不愿选择近门处、人流频繁通过处的就餐位置。餐厅中靠墙卡座的设置，在室内空间中形成了更多的"尽端"，也更符合散客就餐时"尽端趋向"的心理要求。

（2）依托的安全感。从心理感受来说，室内空间并不是越开阔、越宽广越好。通常人们在大型室内空间中更愿意有所"依托"，如在火车站和地铁站的候车厅或站台上，人们总愿意待在柱子边。

（3）从众与趋光心理。在紧急情况下人们往往会盲目跟从人群中领头的急速跑动者，而不管去向是否是安全疏散口，这就是从众心理。当人流在室内空间中流动时，具有从暗处往较明亮处流动的趋向。紧急情况下语言的引导会优于文字的引导。设计者在创造公共场所室内环境时，首先应注意空间与照明等的导向。标志与文字的引导固然也很重要，但从紧急情况下的心理与行为来看，设计时需对空间、照明、音响等的导向设计予以高度重视。

（4）左向通行和转弯习性。人们在人群密度较大（0.3人/m^2以上）的室内和室外空间行走时，一般会无意识地趋向左侧通行。这可能与人类具右侧优势而保护左侧有关。经研究发现，人们向左转弯时所需的时间比右转弯少。

（5）抄近路习性。为了达到预定的目的地，人们总是趋向选择最短的路径。在平面布置中，设计交通流线时应尤为注意这一点。

（6）识途性。人们在进入某一场所后，如遇到危险（火灾等），通常会按原路返回。室内安全出口应在入口附近。

（7）聚集效应。在研究人群密度和步行速度的关系时，研究者发现，当人群密度超过1.2人/m^2时，步行速度会明显下降。当空间中人群密度分布不均时，会出现人群滞留现象，如滞留时间过长，人群就会逐渐聚集。

3. 好奇心理

好奇是人类普遍具有的一种心理，又称为好奇动机。好奇心理能够导致相应的行为，尤其是其中探索新环境的行为，对公共空间设计有很重要的影响。

心理学家柏立纳（Berlyne）归纳了五个诱发人们好奇心理的因素：布局的不规则、材料数目的增多、形状或形体的多样性、复杂性和新奇之物。

例如，柯布西耶设计的朗香教堂就采用了不规则的平面布局和空间处理手法，营造了引人入胜的空间环境（图3-16）。

材料数目的增多不仅指建筑材料或装饰材料的数目，也指事物本身的数目和事物重复出现的次数。室内设计师常采用大量相同的构件（如柜台、货架、座椅、桌子、照明灯具等）加强对人的吸引力。

形状或形体的多样性可形成丰富的空间变化，引起使用者的强烈兴趣。

图3-16　朗香教堂

事物的复杂性可增强人们的好奇心理。特别是进入后工业社会以后，强调室内空间的复杂性不仅是激发好奇心理的要求，也是一种时代要求。在应用中有三种途径可以达到这一目的：一是通过复杂的平面形式达到复杂的效果；二是设计者在一个比较简单的室内空间中，通过运用隔断、家具等对空间进行再次限定；三是通过某一母题在平面和空间中的巧妙运用，再配以绿化、家具等的布置形成复杂的空间效果。例如波特曼事务所设计的底特律文艺复兴中心大厅，强调的是"圆"的母题：圆形柱子、圆环形走廊、层层出挑的椭圆形茶座等（图3-17）。

运用新奇之物主要有以下几种方式：一是使整个空间造型或空间效果与众不同，故意模仿自然界中的某些事物，例如有的餐厅故意布置成山洞和海底世界的模样（图 3-18）；二是将平常东西的尺寸放大或者缩小，给人一种奇怪的感受，使人觉得新鲜好奇；三是运用一些形状比较奇特新颖的雕塑或装饰品，甚至使用一些新兴的设施以引起人们的好奇心理。

图 3-17　底特律文艺复兴中心大厅圆环形走廊

图 3-18　海底世界餐厅

随着经济的迅速发展与城市的扩张，公共空间设计中的问题越来越突出。公共空间因人的行为与活动而获得意义。在了解个体、行为与环境是一个完整的体系，而且相互关联、相互影响的基础上，可以得出结论："公共空间设计应以人为核心，充分考虑空间对人的行为的影响，同时以人的各种行为因素指导公共空间的设计。"

总之，在公共空间设计中，应注重人性化的回归，努力营造宜人的公共空间，从而改善大众生活环境和质量。

第四节　公共空间设计与建筑光学

在营造公共空间环境氛围时，人们总是渴望集自然环境与人为环境之优于一体，这就是现代人对现代公共空间环境氛围的要求。光在公共空间环境氛围的营造中具有举足轻重的作用。灵活用光，调整光的位置、方向，光量和光强等可以在空间中形成不同的表现力，表达不同的照明效果，表现空间的不同层次与深度，进而在一定程度上影响人的感情变化，所以把握好光的造型是十分必要的。

【作品欣赏】餐饮空间设计案例

一、自然采光

现代的设计师在将自然光引进室内空间时，加入了许多新奇的创意以创造各种各样的空间效果。在被照空间中，将光的方向性与光的远近、强弱等结合，就会产生丰富的视觉空间效果。逆向照射，物体会产生庄重、神秘感；斜向照射，会加强物体的立体感。

建筑光环境主要是依靠采光口引入太阳光线，通过其反射在室内空间的墙面和地面上的光影变化形成的。采光口的位置、大小、形式、透光材料和构造做法决定了建筑空间自然光的艺术效果。因此，采光口的设置成为研究建筑内部空间自然采光的主要因素。一般来说，采光口的设置根据建筑空间造型的不同要求而定。按其位置可以分为屋顶采光和侧窗采光两大类。

1. 屋顶采光

屋顶采光时，光线自上而下，有利于获得较为充足与均匀的光线，光照效果自然宜人。其缺点是有直射阳光和辐射热的问题。屋顶采光一般用于大型车间、厂房等（图3-19）。

屋顶采光的优势在于可以最大限度地利用不同高度、不同方位的太阳光，不仅光线柔和、均匀，能保证充分的室内采光，而且效果强烈，艺术表现力强。古罗马时代的万神庙在重建时采用了穹顶的形式，即一种集中式的屋顶天窗。其穹顶是一个直径为43.3 m的半球，中央开洞，阳光从这个圆洞进入室内。有天宇象征意味的穹顶寓意着人神世界的相互联系。太阳的直射光通过穹顶进入室内，形成柔和的漫射光，使内庭空间产生了宁静肃穆的宗教气氛（图3-20）。此后，建筑师们以非凡的创造力，利用不断发展的科学技术手段创造了丰富多样的集中式屋顶采光形式，如半球形、拱形、锥形、单坡面、双坡面、圆形孔洞、方形孔洞等各种形式；透光材料主要有透光玻璃、半透光玻璃、彩色玻璃、蚀刻玻璃、加铅玻璃、阳光板以及各种膜结构材料等。

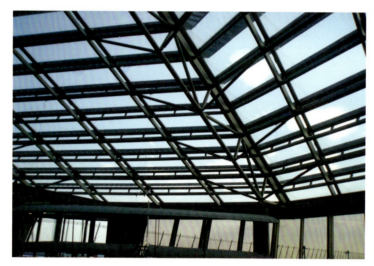 

图3-19 屋顶采光建筑　　　　　　　　图3-20 万神庙穹顶

英国建筑师诺曼·福斯特设计的斯坦斯特德伦敦第三机场，把所有的设备安装在地下，使屋顶能够被自由设计成可引入并反射自然光的形式。诺曼·福斯特在机场候车大厅的屋顶开出一个个天窗，并设计成双层，下层是金属片，上层是透光玻璃，太阳光在这两层之间形成反射，产生了如同天幕一般的光环境。此种光影效果让旅客如同置身于森林之中，心情愉悦。

霍克建筑事务所设计的美国达拉斯商廊，是一个采用拱形天窗的杰出设计。此商廊以一条廊道作为中心轴线，廊道顶部由连续平行的玻璃板覆盖，形成了大面积的玻璃拱顶。对自然光的充分利用使亮丽的商廊宛如一座"专供太阳神的神庙"，创造了商业气氛活跃的室内光环境。

2. 侧窗采光

侧窗采光可分为低侧窗采光和高侧窗采光。低侧窗采光，靠窗附近的区域比较明亮，照度的均匀性较差。高侧窗的优点是有助于光线射入房间较深的部位，可提高照度的均匀性。一般来说，窗间墙越宽，横向照度均匀性越差，靠墙处最差。可采用大面积玻璃窗或玻璃幕墙，大量引入自然光，改善采光效果，但要注意辐射热和光污染的问题。

在意大利建筑师卡洛·斯卡帕设计的卡诺瓦博物馆扩建项目中，设计师充分利用了光的物理特性，在展馆顶部转角处设计了一个立面体的玻璃窗，这样的处理使内部产生了多向度的光源，并且避免了眩光的产生，使展馆里的作品和建筑空间在光的作用下和谐相融（图3-21）。

墙与墙之间的组合本身就有一种丰富的空间形态，墙间隙的采光同样可以在室内产生有趣的对比。安藤忠雄的"光之教堂"就是缝隙采光的典型实例。建筑师在圣坛后面的混凝土墙上切出一个十字形的开口，阳光透过这个开口射进室内，祈祷的教徒在暗处面对这个光的十字架，仿佛看到了天堂的光辉。与此同时，光以抽象、自然的形式进入室内，形成光十字，在室内地板上移动、变化，可使人体会到人与自然的密切关系（图3-22）。

图3-21　卡诺瓦博物馆

图3-22　光之教堂

二、人工照明

人工照明也就是"灯光照明"或"室内照明"，它是夜间的主要光源，同时是白天室内光线不足时的重要补充。

人工照明具有功能和装饰两方面的作用。从功能角度讲，建筑物内部的天然采光受时间和场合的限制，所以需要通过人工照明补充，在室内制造一个人为的光照环境，满足人们的视觉需要；从装饰角度讲，除了满足照明功能之外，还要满足美观和艺术上的要求，这两方面是相辅相成的（图3-23）。

在公共空间设计中，可以运用光源组织点、线、面的形态构成，或利用光源与灯具结合成各种形态的发光体，通过直接照明、间接照明、半直接（半间接）照明方式，作用于空间界面、家具和陈设品，强化这些空间构件的立体感与视觉装饰效果。对于公共空间中灯光造型的艺术塑造，犹如作家对其文学作品中各个人物形象的构思，应该个性鲜明、立体而饱满。

图3-23　室内装饰照明

1. 人工照明方式

根据光通量的空间分布状况，人工照明方式可分为五种。

（1）直接照明。光线通过灯具射出，其中90%~100%的光通量到达假定的工作面上，这种照明方式为直接照明。直接照明具有强烈的明暗对比，并能造成有趣生动的光影效果，可突出工作面在整个环境中的主导地位，但是由于亮度较高，应防止眩光的产生。

（2）半直接照明。半直接照明方式是将半透明材料制成的灯罩罩住灯泡上部，使60%~90%以上的光线集中在射向工作面，10%~40%的被罩光线经半透明灯罩扩散而向上漫射，其光线比较柔和。这种灯具常用于较低房间的一般照明。由于漫射光线能照亮平顶，在视觉上使房间顶部高度增加，因此能产生较高的空间感。

（3）间接照明。间接照明方式是将光源遮蔽而产生间接光的照明方式，其中90%~100%的光通量是通过顶棚或墙面反射作用于工作面的，10%以下的光线直接照射工作面。其通常有两种处理方法：一种是将不透明的灯罩装在灯泡的下部，使光线射向顶面或其他物体上反射形成间接光线；另一种是把灯泡设在灯槽内，使光线从顶面反射到室内形成间接光线。

（4）半间接照明。半间接照明方式和半直接照明方式相反，是把半透明的灯罩装在灯泡下部，60%以上的光线射向顶面，形成间接光源，10%~40%的光线经灯罩向下扩散。这种方式能产生比较特殊的照明效果，使较低矮的房间给人以增高的感觉。其也适用于公共空间中的小空间，如卫生间、过道等。

（5）漫射照明。漫射照明方式是利用灯具的反射功能控制眩光，使光线向四周扩散。这种照明大体上有两种形式：一种是光线从灯罩上口射出经顶面反射，从两侧半透明灯罩扩散或从下部格栅扩散；另一种是用半透明灯罩把光线全部封闭而产生漫射。这类照明光线柔和，视觉舒适，适用于私密性较强的空间，如酒店的客房等。

2. 灯具

常用的灯具按安装方式分类，可分为吸顶灯、镶嵌灯、吊灯、壁灯、台灯、立灯、投射灯和轨道灯。

（1）吸顶灯。吸顶灯是直接安装在天花板上的一种固定式灯具，作为室内一般照明用。吸顶灯种类可归纳为以白炽灯为光源的吸顶灯和以荧光灯为光源的吸顶灯。吸顶灯多用于公共空间的整体照明，常用在办公室、会议室、走廊等场所（图3-24）。

（2）镶嵌灯。镶嵌灯指嵌在楼板等隔层里的灯具，有聚光型和散光型两种。聚光型一般用于有局部照明要求的场所，如金银首饰店、商场货架等处；散光型灯一般多用作局部照明以外的辅助照明，用于宾馆走道、咖啡馆走道等。镶嵌灯灯具简洁，可减小空间的压抑感，其缺点是顶棚较暗，照明经济性较低（图3-25）。

图 3-24　吸顶灯

图 3-25　镶嵌灯

（3）吊灯。吊灯是悬挂在室内屋顶上的照明工具，经常用作大面积的一般照明。大部分吊灯带有灯罩，灯罩常用金属、玻璃和塑料制成。用作普通照明时，吊灯多悬挂在距地面2.1 m处，用作局部照明时，吊灯大多悬挂在距地面1~1.8 m处（图3-26）。

（4）壁灯。壁灯是一种安装在墙壁建筑支柱及其他立面上的灯具，用来补充室内一般照明。它有很强的装饰性，可使平淡的墙面变得光影丰富。壁灯常用于大门口、门厅、卧室、公共场所的走道等。壁灯安装高度一般为1.8~2 m，不宜太高，同一表面上的灯具高度应该统一（图3-27）。

（5）台灯。台灯主要用于局部照明，有利于节约电能。书桌上、床头柜上和茶几上都可用台灯。它不仅是照明器具，而且是很好的装饰品，对室内环境起美化作用（图3-28）。

图 3-26 吊灯

图 3-27 壁灯

图 3-28 台灯

（6）立灯。立灯又称"落地灯"，也是一种局部照明灯具，常摆放在沙发和茶几附近，用于待客、休息和阅读照明（图 3-29）。

（7）投射灯。投射灯常装设于天花板或墙壁上，用以集中表现某些需要重点突出的物体和区域，具有明显的装饰作用（图 3-30）。

（8）轨道灯。轨道灯由轨道和灯具组成，灯具可以沿着轨道移动，照射范围灵活多变。其通过集中投光突出强调物体，常用于商店、展览馆（图 3-31）。

图 3-29 立灯

图 3-30 投射灯

图 3-31 轨道灯

在应用时，灯具可以和家具结合，或者和顶棚、墙壁结合。

灯具的选择应根据不同场所、不同需要而定。如博物馆需要选用特殊灯具，减少灯光及散发的热度对展品的损害；肉食店内宜用暖色调灯具，以使食品颜色逼真；咖啡厅内宜选用暗淡柔和的光线，以形成温暖放松的气氛；舞厅内选用专用灯具，以灯光强弱、色彩的变化与舞曲协调一致；宴会厅内需选用装饰性强的灯具（图 3-32～图 3-34）。

图 3-32 博物馆展台

图 3-33 咖啡厅

图 3-34 舞厅

总的来说，建筑光环境是整体环境构成中十分重要的一环，好的光照环境将充分显现整体环境的特性、境界、情调。用光进行装饰，其独特的艺术魅力是其他任何装饰手段所不及的，这种装饰美感甚至是任何其他装饰物都无法达到的。充分利用光的色彩性、装饰性、空间表现性等装饰手段，将使光照环境更具美感和意境，使生活亮丽多姿，使单调枯燥的室内公共空间变得生动活泼。

第五节 公共空间设计与色彩设计

不同的色彩对人的心理、生理会产生不同的影响，而且由于地域、民俗的不同，色彩还体现着不同的信仰和观念。因此，在当代公共空间设计中，色彩设计是非常重要的内容。

一、色彩的物理效应

色彩可以产生冷暖、远近、轻重、大小等感受，因此色彩具有温度感、距离感、重量感、尺度感等心理感受效应（图3-35）。

（1）温度感。色彩可分为热色、冷色和温色。在色相环上，将红紫、红、橙、黄和黄绿称为热色；将青紫、青和蓝称为冷色；而紫和绿为温色。另外，色彩的温度感具有相对性。

（2）距离感。色彩可以使人产生进退、凹凸、远近的感觉，一般而言，暖色系和明度高的色彩具有前进、凸出、接近的感觉，而冷色系和明度低的色彩具有后退、凹进、远离的感觉。

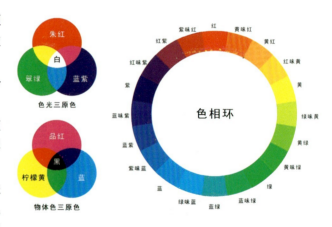

图3-35 三原色与色相环

（3）重量感。色彩的重量感主要取决于明度和纯度，明度高的色彩显得轻，如桃红色、浅黄色；明度低的色彩显得重，如黑色、熟褐色等。

（4）尺度感。暖色和明度高的色彩具有扩散作用，因此使物体显得大；而冷色和暗色则具有内聚作用，因此使物体显得小。

二、色彩的生理和心理效应

科学研究发现，肌肉的机能和血液循环在不同色光的照射下会发生变化，蓝光的影响最弱，随着色光变为绿、黄、橙、红而依次增强。

医学家还根据色彩的这一特征治疗人类的疾病，譬如用紫色治疗神经错乱，用青色治疗视力混乱，用绿色治疗心脏病、高血压等。

色彩对于人的心理也有影响。人的眼睛会很快地在所注视的任何色彩上产生疲劳，疲劳的程度和色彩的彩度成正比，当疲劳产生之后眼睛有暂时记录其补色的趋势。在使用刺激色和高彩度的色彩时要慎重，并注意在色彩组合时考虑视觉残像对物体颜色产生的错觉，以使眼睛有休息和平衡的机会。

人们对不同的色彩表现出不同的好恶，这种心理反应常常与人们的生活经验以及色彩引起的联想，人们的年龄、性格、素养、民族、习惯相关。

三、公共空间中的色彩设计

在进行公共空间中的色彩设计时，首先要处理与色彩有密切联系的一些设计问题。

1. 空间的使用目的

不同的场所，如办公室、歌舞厅、病房、起居室等，对色彩的要求各不相同。

如手术室采用灰绿色（红色的补色），可使医生的视觉疲劳大大降低。病房的设计要根据不同科室、不同年龄的患者加以区别：老年人的病房宜采用柔和的浅橙、米黄等色；外科病房宜用浅黄、淡绿、浅蓝等色，这种色调有助于调节病人的心情（图3-36）。

【作品欣赏】娱乐空间设计案例

在一些大企业、公司、写字楼中，蓝色可谓是万能色，因为它寓意理智、永恒、真理、庄重、大方。在办公室中，蓝色会营造一种冷静、理智的环境氛围，有利于员工安心工作，保持清醒的头脑，提高工作效率。蓝色是应用最为广泛的色彩，会议室、办公室等常常用到（图3-37）。另外，灰色、棕色在办公环境中也比较常用，它们因具备沉稳、厚重的性格，可以给企业营造一种踏实、诚信的社会形象。

图3-36 病房设计

图3-37 会议室

当然，办公环境并不完全拒绝艳丽的色彩，也可以用小面积的色彩点缀办公环境。例如，几束鲜花、米黄色的沙发、红色的靠垫等，都能起到画龙点睛的作用。

2. 空间的大小、形式

色彩可以按不同空间的大小、形式进行强调或削弱。

对于相同的空间，运用明亮的色彩、暖色和彩度高的色彩，空间有前进感，看起来比实际距离小些；而面积则有膨胀感，看起来比实际面积大些。当运用暗色、冷色和彩度低的色彩时，会产生相反的效果，即后退和缩小。另外明度高、彩度高的色彩使人感觉轻快；明度低、彩度低的色彩使人感觉沉重。这些对于调整室内空间效果具有很大的作用（图3-38和图3-39）。

3. 空间的方位

不同方位的空间在自然光线作用下的色彩是不同的，冷暖感也有差别，因此，可利用色彩调整空间的冷暖感。如北向房间可适当使用暖色，南向房间可使用冷色进行调节。

图 3-38　暖色光源塑造的空间　　　　图 3-39　冷色光源塑造的空间

室内环境中的色彩对于调节光线具有举足轻重的作用。一般来讲，明度高的色彩反射光线强，明度低的色彩发射光线弱。所以当室内明度较高时，室内较亮，反之较暗。在实际应用中，当室内进光太多、太强时，可采用反射率较低的色彩，如蓝灰色；反之，则应采用反射率较高的色彩，如白色。

4. 空间的使用者

男、女、老、幼对色彩的要求有很大的区别，进行色彩设计时应考虑使用者的差异。一般情况下，应根据不同人的审美要求，尽量满足他们的爱好和个性，以适应使用者的心理要求。在符合色彩的功能要求的条件下，可以充分发挥色彩在构图中的作用。

从年龄上分析，少年、儿童天真幼稚，活泼好动，应该运用明快、鲜艳的色彩，如红、橙、黄、绿等装饰环境（图 3-40）。青年人思想活跃、追求知识、勇于创新、精力旺盛，适宜用明快且对比强烈的色彩。中老年人沉稳、含蓄、朴素、好静，应该选用纯度低的色彩，如深绿、深褐等装饰。

从性别来看，男人多喜爱庄重大方的色彩，女人多喜欢富丽、鲜艳的色彩。

不同的民族风格和宗教信仰对色彩的理解和认识也不同，一般来讲，信奉佛教的民族和地区喜欢红色和黄色，而信奉伊斯兰教的民族和地区偏爱绿色和白色，信奉基督教的民族则喜爱蓝色和紫色。

5. 使用者在空间内的活动及使用时间的长短

不同的活动与工作内容，对室内环境的要求不同，对色彩的色相、纯度对比等的要求也存在差别。对使用者长时间活动的空间，主要应考虑避免产生视觉疲劳。

6. 空间的周边环境

空间所处的环境与色彩有密切联系，尤其在室内，色彩的反射可以影响其他色彩。同时，周边环境的自然景物能在室内反映出来，室内空间的色彩还应与周边环境取得协调（图 3-41）。

毫无疑问，色彩在公共空间设计中是最廉价、最有效果的表现手法，不但可以体现人们的情感及空间性格，还能为公共空间环境的功能需求及使用对象服务，将公共空间营造得多姿多彩，美化生活。

图 3-40　儿童房　　　　图 3-41　机场候机厅

第六节　公共空间与导向及标识设计

随着城市建设步伐的加快，城市规模不断扩大，各类功能性场所不断增多，如酒店娱乐、商业销售、康体会展、医疗保健、科教文博、行政办公、交通客运等场所（图3-42）。公共空间也趋向于多样化、复杂化，然而，复杂而无序的公共空间很容易让人迷失其中，以致不得不借助相应的空间参照物识别环境。如何高效、有序地指引不同人群在公共空间中的行动，公共空间中完善的导向及标识系统是至关重要的工具。

公共空间是人们日常生活和进行社会活动不可缺少的空间场所，导向及标识系统则是公共空间中传达信息的重要设施。一方面，公共空间的导向及标识系统反映了整个公共空间的面貌；另一方面，公共空间中导向及标识系统的建立是为了帮助人们更好地识别环境，为人们的行动提供更多便利（图3-43）。

下面从公共空间导向及标识系统的研究背景、国内外研究现状、历史发展状况入手，结合国内外的相关研究资料与实际调查结果，对公共空间的导向及标识系统进行探讨，对公共空间导向及标识系统的规划、设计、制作、安装等相关实施要素进行分析。经过长期的研究探索，设计师就导向及标识系统与公共空间的协调统一性问题总结出几个设计原则，即标志性、可达性、有效性、诱发性。

图 3-42　城市街景　　　　　　　　图 3-43　电话亭及交通标识

一、导向及标识系统的概念及发展

公共空间标识，也称"公共信息图形标志识别系统"，是指以图形，色彩和必要的文字、字母等或者其组合，表示所在公共区域、公共设施的用途和方位，提示和指导人们行为的标志物，如交通标识、路牌标识、问询标识、垃圾箱标识、邮箱标识、厕所标识等（图3-44～图3-47）。公共空间标识是为人们提供信息的标志和识别语符。其设置的主要目的是简捷、迅速、准确地为人们提供各种信息,如道路方向、空间功能等,以帮助人们尽快地找到或知道要去的地方,掌握其用途。其对提高人们社会活动的效率,丰富空间色彩,活跃环境气氛有重要作用。总之,公共空间标识是构成城市环境整体的重要部分,将功能和形象合为一体。因此,必须以系统的、整体的观点,而不是分散的、孤立的观点对其进行设计和研究。导向功能是公共空间标识最主要的功能。在城市环境中,公共空间标识是连接环境与行为的重要媒介,它可以通过秩序、高效、安全的视觉识别系统调节密集的人群,提高人们的生活质量。因此,它从属于导向设计。

图 3-45　建筑物标识

图 3-44　路牌标识　　　　　　　　图 3-46　公园路线标识　　　　　　图 3-47　垃圾箱标识

现代化都市应当重视标识的视觉导向设计,尽量将标识设置得一目了然,具有连续性,如卫生间和地下停车场,应循序渐进地引导顾客流向。标识的用色也应系统化,如百货类区域用浅蓝色与橘黄色搭配,生鲜区域用绿色表示,家电区域用红色表示等。

随着我国城市的发展,公共空间标识设计也有了较大的进步。在这个过程中出现了很多专业团队和学者对这一领域进行开发与探索,成立了以公共服务为目的的国家专业机构。其中"中国标准化研究中心"作为我国唯一的国家级综合性标准化科研机构,制定了一系列指导性的图形标志国家标准,并开展了相应的研究工作,初步形成了图形符号标准系统,并初步建成了图形符号国家标准数据库。

二、导向及标识系统的设计原则

导向及标识系统与人的行为密切相关,其设计必须以人的行为模式为基础,才能对人的行为加以组织、引导。

1. 人的活动分类

丹麦建筑师扬·盖尔在《交往与空间》中对人的活动进行了分类:

(1)必要性活动。此类活动是在各种条件下都会发生的活动。它们很少受到物质环境的影响,一年四季在各种条件下都可能进行,如上班、上学、购买生活必需品等活动。

(2)自发性活动。此类活动包括散步、闲逛、购物、看书、晒太阳以及看电视、娱乐等。这些活动只有在条件适宜、天气和场所具有吸引力时才会发生。

(3)社会性活动。在公共空间中有赖于他人参与的各种活动为社会性活动,包括儿童游戏、相互交谈、各类公共活动以及最广泛的社会活动——被动式接触,即仅以视听来感受他人的活动。

2. 公共空间导向及标识系统的设计原则

基于以上对行为种类的分析及对行为特性的研究，公共空间导向及标识系统可以采用如下设计原则：

（1）标志性原则。一般的导识信息仅关于开放时间、商品名称及楼层布置等，但若一个导向及标识系统具有特有的标志性，将使千篇一律的标识更有特点，更具有识别性，使公共空间更加形象化，也更能加深人们对相关公共环境的记忆，进而提升商业价值（图3-48）。

（2）可达性原则。可达性即到达一个目的地可以选择的路径数量和它们的便捷程度。它在导向及标识系统的结构组织上有根本性的意义。人是使用导向及标识系统认知空间活动的主体，是一个开放的群体，有着不同的文化背景、不同的年龄段、不同的生活习惯。因此，在大型的公共空间导向及标识系统设计中，应从人的不同使用需求出发，减少阻碍和干扰，增加路径指引数量，提供快捷的行进路线，使人们在公共空间中的往来更加容易、便利（图3-49）。

图3-48　银行门前标识

图3-49　展厅标识

（3）有效性原则。有效性即可见性、可理解性。可见性即在一定距离范围内可以清楚地看到导向及标识系统所传达的内容。影响可见性的因素大致有：字体大小、背景色彩、比例、距离、光线、材料的运用等。可理解性是指导向及标识系统所传达的内容应该以大多数人的理解为前提。活动于公共空间中的人的年龄层次覆盖面较大，活动也有不同，所以要充分考虑各类人群接收信息的特性。这就要求导向及标识系统具有鲜明的风格特点，并尽可能用简明的文字表达，使用形象的符号、情节化的图示或配以解释性的插图（图3-50）。

图3-50　特色标识

（4）诱发性原则。有的活动需要有目的地去完成，有的活动则是随机发生的。由于活动具有随机性，当环境提供条件，人本身又有相应的动机时，自发性活动就会发生，从而有可能带来更进一步的社会性活动。适当的空间可以诱发相应活动的发生，将互不干扰的一些人和活动合并在一条路径上，激发更多新的活动。因此，导向及标识系统除了引导人们去其想去的地方外，还要标识出同一空间的多种使用方式，或者在不同状态下和不同时间内的不同使用方式，通过设计和组织诱发某些活动的发生，满足人们潜在的活动需求。

三、导向及标识系统的设计方法

当人们处于一个陌生的空间环境时，由于对环境不熟悉，常会表现出强烈的不安全感，此时就需要了解和熟悉该空间的主体结构组织。一种方法是事先通过解读平面功能分布图，或从他人处了解情况，从而形成一种心理印象，靠它去指导行为的完成，即使用静态导向法。另一种方法是动态导向，即在行进过程中根据周围环境的暗示和引导不断地调整行走路线和方向。静态导向整体感很强，但是当人处于总体环境的某个局部的时候，更需要明确的是一种定位和对行动的提示关系。空间动态导向是应用最简便、最明了的方法，对人前进的方向进行提示或强调。

静态导向主要是在合适的地方设置标准化且易读的标识，使人们通过标识的指引到达目的地。这里主要研究公共空间动态导向设计的方法。实现公共空间动态导向的途径主要有视觉导向和空间导向两种。

视觉导向设计是最直观的一种符号语言，它附加在建筑空间之上，用文字、图形、影像标志等一系列最直接的方式对行为给予引导（图3-51）。

空间导向具有一定的隐蔽性。建筑及公共空间的设计决定了空间环境的脉络关系和空间特征，合理的流线安排、明确的空间划分本身就是良好的导向说明。空间导向以功能导向为前提，用一种暗示的方式帮助人们建立空间环境的"认知地图"。功能性的空间导向是实现动态导向的重要方式之一。

视觉导向和空间导向是进行空间环境导向设计不可分割的两个方面。

1. 视觉导向

视觉导向主要包括：文字导向、图形导向、摄影影视导向、建筑小品导向等。

（1）文字导向。在视觉导向的诸多方式中，文字是最为明确、直接、简洁和有效的一种方式。在公共建筑内部集散空间导向处理中经常用到文字导向。它多用于公共建筑的总体及分层楼面使用空间的介绍、电梯分区、楼层显示及自动扶梯导向、紧急疏散出入口、消防系统组织等，常与图形导向配合出现（图3-52）。

（2）图形导向。图形标志作为一种符号系统能够贴切、准确地传达一些信息。文化与经济的发展在不同领域内出现了各自的标识性图形系统，表述诸如禁止、限制、指示等概念和内容。标识性图形系统具有以下特点：清晰美观、易于辨认、制作简单、有适当的标准色等。图形导向标志多设于水平、垂直人流疏散处以及紧急出入口、特殊使用空间。使用时应注意其法定性和习惯性，不能随意修改变动（图3-53）。

图 3-51　斑马线导向标识

图 3-52　站牌

图 3-53　禁止吸烟标识

（3）摄影影视导向。现代影视技术为人们带来了新的导向方式，它直观、明了、形象，集声光电于一体，对公共空间环境气氛的烘托具有显著的作用。其导向效果是其他手段无法比拟的。例如，日本京都文化中心在入口处运用了影视技术，再加上巨型的螺旋楼梯，既渲染了气氛，又成为地方的标志物，起到了很好的导向作用。

（4）建筑小品导向。具有一定方向感与独特造型的建筑小品，如雕塑、绿化、水景等，往往会给空间环境以不同的特征，给人留下深刻的印象，形成类似标志的效果，从而使空间区别于其他空间，起到导向作用。仍旧以日本京都文化中心为例，英国建筑师詹姆士·斯特林使用的变形巨型旋转楼梯，作为建筑的组成元素之一，可以看作建筑小品。其鲜明的形象特征给了人们清晰的方位感，起到了空间导向的作用。

在运用上述几种视觉导向方法时，要特别注意：一是在标志物、标志性指示物本身的设计造型、色彩质感等方面都应结合所处环境进行综合考虑，使之既不破坏空间的整体性，与环境协调融合，又易于被发现和识别。二是它们的空间位置应处于人们视线最容易到达的地方，既能引起人们的注意，又不占用和侵入主要交通空间。周围应有充裕的停留空间，以免由于人们停留识读，造成人流堵塞，阻碍正常的交通运作。这些标志物在环境中的位置视周围空间情况而定，既可以用来划分空间，增加空间层次，也可以作为独立的景观物存在（图3-54）。

2. 空间导向

空间导向的基础是空间的流线设计。

建筑空间中人流重复行进的路线、轨迹称为"流线"。流线往往由空间决定，利用人的行为心理加以引导。空间中的流线应以特有的设计语言与人对话，传递信息，左右人的前进方向，使人在空间中不会迷失方向，并引导人流到达预定目标。流线可以是单向或多向的，单向流线方向单一明确，甚至带有一定的强制性因素；多数规模较大的空间有多条流线，比较含蓄。

人们在空间中的活动过程都有一定的规律性（行为模式），这是流线设计的依据。例如观看会展，人们会先买票；此后可能在门厅等候、休息，然后到各个展厅观看，中途会在休息厅休息，最后由疏散口离开。设计师可以根据这种活动规律结合原建筑的空间结构特点决定会展空间的活动路线和围合方式，使之与人的行为模式结合。

在公共建筑内部空间导向系统中，利用建筑本身元素的变化作为导向手段是极为常见的方式，例如对墙体、地面、顶棚、柱子、楼梯的处理，空间的形状、空间的封闭围合变化等。

（1）墙体。墙体作为导向手段主要依靠墙面处理和墙体形态处理两种方式实现。墙面的处理主要通过色彩、肌理、材料、图案等的变化实现，以引起使用者的注意。墙体形态处理主要通过应用流畅的线条、有规律的重复在交通空间中引导人的行为。

（2）地面。公共建筑的内部集散空间地面材料的变化、色彩的变化、地平高度的变化等都能使地面具有强烈的导向性（图3-55）。

图 3-54　建筑小品导向标识

图 3-55　斑马线

（3）顶棚。顶棚作为室内空间的顶界面，集中反映了空间的形状及关系，它的材料、色彩、灯具选择及照明的变化、局部高低的升降都能暗示空间方向的变化。顶棚经过巧妙处理的环境，其空间导向感得到加强，且不会给人造成错觉（图3-56）。

（4）柱子。柱子本身即使不作任何特别的处理也能在纵、横两个方向上产生强烈的方向感。如果对柱子进行适当的处理，则会使它的方向感更为强烈。若对一列柱子中的个别柱子进行不同的处理，就可以在视觉上产生停顿感而终止它在此方向上的视觉导向。

（5）楼梯。楼梯有向上的升腾感、向前的延伸感，所以在公共建筑空间环境中，常使用楼梯作为空间导向的重要手段（图3-57）。即使不作任何特别处理，楼梯也具有极强的导向性。比如有一些门厅中设置的直对入口的楼梯便有很好的导向作用。

图3-56 具有一定导向性的顶棚造型

图3-57 旋转楼梯

本章小结

本章主要介绍了与公共空间设计相关的建筑装饰材料、人体工程学、环境心理学、建筑光学、色彩设计、导向及标识设计等方面的知识，这些知识都相当专业，这里介绍的是一些基本层面的知识，学习者还需要通过相关课程进行更系统的学习。

思考与实训

1. 找一个你喜欢的公共空间，看其使用了哪些建筑装饰材料，分析其效果的好坏。
2. 找一个你喜欢的公共空间，分析其对使用者的心理所造成的影响。
3. 找一个你喜欢的公共空间，分析其色彩设计的优缺点。

CHAPTER FOUR
第四章　文化空间设计

知识目标
了解文化空间的含义，掌握图书馆空间和展示空间设计的原则。

能力目标
能根据文化空间的需求进行相关设计。

第一节　文化空间设计概述

文化空间包括图书馆、美术馆、博物馆、文化馆、高校建筑、博览会建筑等。文化空间作为公共空间的一个较大的类别，有其相应的设计原则。在城市发展的过程中，文化空间设计不能与社会发展的要求相悖，既不能落后于时代技术，也不能不顾自身建设条件而盲目复制国内外的建成样本。

图 4-1　德国 Sinsheim 科技博物馆

一、以功能需求为宗旨

按照不同的使用功能，文化空间有相应的设计方法。从功能出发，以功能需求为宗旨是设计的基本原则。

例如科技博物馆所收藏和展出的是人类认识和征服自然的成果，其建筑往往采用新的材料和结构形式，故在空间的分配上要简洁明快，陈列场地要宽敞，满足大型实验设施的摆放和观众的操作需求（图 4-1）。自然博物馆以展出人类对自然界的认识、保护、利用的情况和实物为主要内容，在分配空间时要质朴自然（图 4-2）。

图 4-2　自然博物馆

二、加强环境整体观

外部环境与文化建筑的功能有着重要的关系。例如江西省图书馆的有顶盖的内院可提供一个灰色空间,既可作为一个辅助阅览环境,又是一个多功能的厅堂,为读者提供休息交流的空间,还可作为临时展览的场所。

博物馆的活动与服务的范围还有可能要扩大到博物馆的庭院、停车场、室外展示场地等博物馆主体建筑周围的环境中,因此在博物馆功能的空间分配上应将这一点也考虑进去(图4-3)。

三、科学性与艺术性并重

文化空间设计应将现代的技术与材料和艺术化处理完美地结合起来。美国建筑师路易斯·康于1972年设计的位于伏特沃斯的肯贝尔艺术博物馆,是路易斯·康对光的献礼。他所使用的材料是明亮而真实的光,而建筑物的形式使参观者和绘画在自然光线中交汇。路易斯·康利用自然光是因为它是生动的,而且永远在变幻。为了防止紫外线的破坏,路易斯·康透过圆顶上的长条天窗将光线引入,然后在里面用一个网帘过滤紫外线,同时将光线反射到混凝土的顶棚上。青色的混凝土表面在这里不再是一种沉闷的材料,而是被赋予一种温暖的光辉(图4-4)。

四、时代感与历史感并重

设计要将历史的文脉延续到现代的形式中去。例如华裔建筑大师贝聿铭设计的美秀美术馆,其大部分建筑隐匿于地下,正门的大屋顶成为美术馆的主体建筑,使人耳目一新。这个设计创意源于日本传统的寺庙建筑形态,贝聿铭突破传统固有的模式,创造性地运用现代科学技术和现代设计理念,以新颖的铝质框架和玻璃天幕等现代材料,取代了传统寺庙的斑茅草等天然材料,并用暖色调的石灰岩替代了传统的木材。这些建筑材料的转换,令其设计既有东方古典的韵味,又有西方现代主义风格(图4-5)。

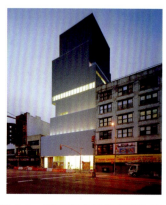
图4-3 纽约新当代艺术博物馆

图4-4 肯贝尔艺术博物馆

图4-5 美秀美术馆

第二节 图书馆空间设计

图书馆是收集、整理和保存文献资料并向读者提供科学、文化知识的教育机构。它的产生和出现是以文字的产生为前提的,它的发展与社会和工业技术(印刷术、建筑技术)的发展密不可分。图书馆主要有公共图书馆、专业图书馆、高校图书馆几类。

一、图书馆空间设计的发展

典藏为主、闭架管理是我国国内图书馆的传统体制；它视"藏""借""阅"为三个不可混淆、相互孤立的功能。据此，国内近几十年来所建的大多数图书馆都受这些传统功能和体制支配，受传统形式和建筑技术制约，逐步形成一种布局雷同、形式单调的建筑形式，即所谓"三大空间"的设计构成。"三大空间"是：读者不可入内的书库，即藏书空间；接待读者阅览和出纳书刊的地方，即借阅空间；馆内业务办公室，即间接服务空间。这三个空间在传统设计中分别设置，它们的空间也是分离的，往往流线很长，增加了管理难度。在"藏""借""阅"三部分面积的分配上尽管也有一定的比例，但在使用中活书不易流通，死书（即多年未动书）越来越多，大部分老馆都处于"藏书机"的状态。而现代社会是信息的时代，这种"三大空间"的模式满足不了现代图书馆的管理要求。近几十年来，随着社会的进步和高科技的发展，社会化、信息化、网络化成为现代图书馆的主要特点。

现代图书馆的发展变化主要表现在以下三个方面：

（1）图书的开架化管理。这种变化实质上是一种思想观念的转变。纵观图书馆的发展历史，它对图书的管理，就是一个由"重藏轻用"到"藏用并举"的发展过程。开架管理的方式，也是图书馆所能赋予读者的使用图书的极限形式（图4-6）。

（2）图书馆传统服务的计算机化，即利用现代计算机技术对信息资源进行编目，并使之得以流通、阅览。这种变化仍然属于图书馆传统服务范围内的变化，它的服务对象、服务方式没有发生大的改变。所以说，这种变化主要是一种服务手段的变化。

图4-6　哈佛大学图书馆

（3）信息资源的数字化、服务手段的网络化。这方面的变化对于图书馆界来说是一个全新的课题。它是指利用现代科学技术将信息资源数字化，并利用计算机技术及网络通信技术为读者服务。其服务的方式、手段都发生了改变，其服务的对象将不再受地域的限制，开放时间也是全天候的。所以说，这种变化是一种根本性的改变。随着现代计算机技术、电子技术、网络通信技术的快速发展，图书馆利用网络为读者提供服务的方式已相当普遍。

二、现代图书馆室内空间的分区

图书馆各部分之间的功能关系是以读者、书籍和工作人员的合理流动及相互关系为特征的。现代图书馆主要包括以下各个分区：

（1）入口区。入口区的功能是相对确定的，其使用功能是不会改变的。但是它需要能方便地与其他区联系，尤其是要让读者能直接方便地到达信息服务区及阅览区（图4-7）。

（2）信息服务区。读者要能直接到达该区域，并方便地前往各种阅览区域。它包含了传统的出纳、目录室（图4-8）。

（3）公共活动区。因公共活动区具有动态性与开放性，所以既要与图书馆的有关空间相连，又要有自己的独立性，便于独立开放，不干扰公共图书馆的正常使用（图4-9）。

（4）阅览区。阅览是图书馆的重要功能之一。阅览区要容易通达，并与基本书库有方便的联系。这部分空间是最活跃的、最易变的，要满足开架的需要，空间有较大的灵活性，并能提供不同特点的空间环境供读者选择（图4-10）。

（5）藏书区。藏书区也是图书馆的主要组成部分之一。它与阅览区既要分隔又要有联系。为了便于书籍的藏储和运输，藏书区要求有自己单独的出入口，在中小型图书馆可与管理人员出入口合一，大型图书馆宜设置专门的图书出入口，以方便运书车流动（图4-11）。

图4-7　中国台北艺术大学图书馆入口处

图4-8　图书馆信息服务区

图4-9　图书馆公共活动区

图4-10　图书馆阅览区

图4-11　图书馆藏书区

（6）技术设备区。本区域的管线安排技术要求较为复杂，且不易变动，同时为了避免其噪声及振动对其他区域的干扰，该区一般较为独立，常设于地下室或顶层。

（7）馆员工作和办公区。本区要能与馆内各区方便联系，且便于对外交往。

目前我国图书馆正处于由传统向信息化转变的过渡时期，图书馆功能具有兼容性，其功能关系已不再是传统图书馆的单一模式，而是各部分呈网状关系。

三、现代图书馆空间设计原则

1. 开放性

在信息时代，读者希望最方便和最直接地接触读物，尽量减少通过第三者——馆员的服务接触读物，因此要求图书馆的管理和图书馆的设计具有开放性。

建筑设计必须立足于开架管理，即逐行设计。开放性还有另外一层含义，即建筑空间的设计应是弹性设计，建立适度的秩序或原型，为以后空间的重新组织打下基础。

例如阅览室的多少和大小的调整、开架范围的变化、藏阅兼容或互换、设备的更新和相应空间要求的变化等，这些都要求空间具有灵活性（图4-12），否则一切变更就无法实现。实践表明，传统图书馆所采用的固定式的布局，

图4-12　肯尼迪政府学院的图书馆

其空间使用必然不适应今后的发展变化，图书馆的空间在信息时代必然走向开放式的空间布局方式。

2. 综合性

传统图书馆的功能比较单一，即以文献资料为中心。现代图书馆已成为多功能的社会信息中心，除了传统的功能之外，许多公共图书馆为了充分利用馆藏文献资源服务于更多的读者，以更好地为社会经济发展服务，还开辟了展示、讲演、视听、培训、商店、快餐等服务设施，甚至为读者提供休闲场所，并开展一些社会公共活动。这些综合化的趋势一方面提高了馆藏文献的利用率，使馆方受益，另一方面也反映了现代社会高效率的需要，节约了时间，提高了效率。此外也出现了图书馆与其他功能相关建筑合建的实例。图书馆的综合性是信息时代的必然趋势。

3. 社会性

信息时代的图书馆被公众认为提供文献和参考资讯的信息中心，是支持终身教育的场所。图书馆的社会性要求图书馆设计满足不同类型读者的要求：为残疾人提供无障碍设计，使他们能方便地到达馆内各处，要提供进馆的专用通道和馆内载人电梯，甚至设置专门的阅读空间和盲文阅览室。同时，随着社会的老龄化，老年读者日益增多，图书馆作为终身教育场所要为老年读者设置相应的活动项目及活动空间，并考虑老年读者的身体条件。

4. 可持续发展性

图书馆是一个不断增长的有机体，大量现有的公共图书馆建筑都面临着扩建与更新的问题。首先，随着社会的发展，图书馆藏书量的增长是不可避免的，藏书量的增长必然引起公共图书馆规模的扩大；其次，随着数字图书馆技术的发展，大量老馆的功能空间已经无法满足新的功能要求，必须通过更新改造，满足新的功能要求。因此在进行公共图书馆建筑设计时，不但要考虑新建公共图书馆以后的扩建问题，还要进行现有老馆的扩建与更新的对策研究。

节能设计是现代图书馆建筑可持续发展的一个重要方面，公共图书馆空间大，设备复杂，环境质量要求高，因此能源消耗也大，这造成有的公共图书馆建得起而用不起，即日常维护费太高。因此，信息时代的公共图书馆在设计时要注意节约能源，结合当地气候进行设计，尽量以自然采光和自然通风为主，以人工照明和空调设施为辅。

现代图书馆强调"以人为本"，图书馆的建筑设计应该把"以人为本"的思想贯彻到设计的方方面面，努力为读者营造一个安全、方便、舒适、温馨的环境，给工作人员提供良好的工作和生活条件。要在声、光、空气、色彩、家具、温/湿度和环境布置等方面下足功夫，尽量使人在视觉、听觉、触觉和心理上感到舒适，让人感到在这里读书是一种享受。

第三节 展示空间设计

一、展示空间的定义及类型

展示空间是指具有陈列功能的，并通过一定的设计手法有目的、有计划地将陈列的内容展现给受众的空间。

展示空间的主要类型有博物馆陈列空间、展览会空间、博览会空间、商品陈列空间、橱窗陈列空间、礼仪性空间和景点观光导向系统（图4-13～图4-15）。其中，博物馆、商品陈列空间和景点观光导向系统属于长期性展示空间，展览会空间、博览会空间、橱窗陈列空间和礼仪性空间属于短期性展示空间。

图 4-13　博物馆陈列空间　　　　图 4-14　展览会空间　　　　图 4-15　商品陈列空间

二、展示空间的设计原则

1. 空间安排合理，参观流线科学

（1）在展示空间设计中，合理的空间安排和科学的流线分布是保证展示活动顺利进行的基本条件。

（2）空间设置要考虑好空间容纳量，避免出现人流量过大导致拥挤的现象。展示空间的通道最窄处应能通过 3～4 股人流，最宽处可通过 8～10 股人流（每股人流的宽度按 60 cm 计算）；需环视的展品，四周应有至少 2 m 宽的通道（图 4-16）。

（3）安排展示空间还要考虑各功能区之间的关系，如在带有贸易性的展示空间中应设洽谈区。洽谈区和展示区的关系要处理好，并要注意将最有效的空间位置用来展示。

（4）根据人类的行为心理习惯，参观路线最好按顺时针方向开展。流线设计应避免回折和产生死角，尽量不让观众走重复路线（特别是在重点展示区），可以利用一些装饰元素进行视觉引导。

2. 展品的陈列符合人的视觉生理习惯

（1）人的视觉生理习惯为由左至右、由上至下运动，因此，展品的次序、排列要符合人的视觉运动特征（图 4-17）。

图 4-16　展品间的距离要恰当　　　　　　　图 4-17　艺术品展览

（2）人们观察物体的最佳水平视角在 45°左右，最佳垂直视角为 20°～30°，最佳视距为物体到地高度的 1.5～2 倍距离，因此，展品的大小和位置都是展品陈列形式的决定因素（图 4-18 和图 4-19）。

3. 照明要保证展品的展示效果并符合视觉卫生要求

（1）在展示空间设计中，通常用照明的手法加强展示效果。如将陈列区的照度设置得比其他区高，以吸引观众；利用不同的色光渲染场景气氛等（图 4-20）。

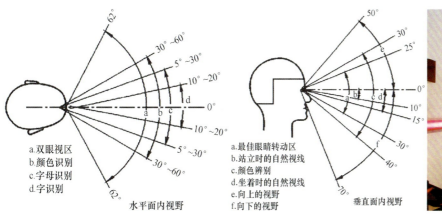

图 4-18　水平视野示意　　　图 4-19　垂直视野示意　　　图 4-20　商店陈列区照明

（2）照明的设置要符合视觉卫生要求，光源不应裸露，避免产生直接眩光和间接眩光，要避免产生直接眩光，可采用正确布置光源位置、使用亮度低的光源（如日光灯）和利用遮光罩的保护等方法实现（图 4-21）；要避免产生间接眩光，应注意光源的位置和投射方向。在周围运用了较多表面光滑的材料的情况下，应特别注意进行防眩光处理。

（3）照明的设置还要注意防电、防爆和通风散热，避免灯具的光色歪曲展品的固有色（图 4-22）。

4. 安全性原则

（1）安排流线和空间时应考虑各种可能发生的意外事故，尽量让各空间、各通道和紧急疏散口保持明晰的流线（图 4-23）。

图 4-21　应用遮光罩可避免产生眩光　　　图 4-22　避免光色歪曲展品的固有色　　　图 4-23　通道保持明晰的流线

（2）各项应急措施要做好，如应急指示标志的位置要明确，应急照明的安放位置、照射范围、照明持续时间都要考虑好（一般要求在事故发生时，应急照明能保持 3h 左右）。

三、博物馆陈列空间设计

博物馆陈列空间以长期性陈列为主，展品多为珍贵的历史文物，具有一定的文化性和权威性。其设计应注意以下几点：

（1）博物馆陈列空间设计应强调陈列艺术的文化性和展品的安全，一般用封闭式展柜或展台进行展示（图4-24）。

（2）展柜内应有良好的通风散热装置，照明应防止光源中紫外线对展品的破坏。

（3）对于某些体现历史发展过程的展品，应考虑陈列上的连贯性和逻辑性。

（4）参观流线顺应陈列逻辑展开，布局时避免出现监视器死角，要保证突发事件发生时保卫部门能以最快的速度到达现场。

图4-24　封闭式展柜

四、展览会、博览会空间设计

1. 空间特点

展览会、博览会空间大多作为短期性陈列的形式存在，往往具有明显的时间性和季节性，多以展区、展台的形式出现，可以是开放式的，也可以是封闭式的，还可以是半开放、半封闭式的（图4-25）。

2. 设计要点

（1）展览会、博览会空间设计一般以强调品牌形象为主，企业的标识系统应鲜明，应有强烈的形式感、活跃的气氛和强烈的视觉冲击力，从而使观众对所强调的品牌产生深刻的印象（图4-26）。

（2）在许多展览会上，商家都需要进行一系列展销活动，所以在进行空间分配时要考虑为商家的展销活动留出适当的空间位置。

（3）在带有贸易性质的展览会或博览会上，应考虑保留一定的空间用来进行洽谈或销售活动。

（4）展览会、博览会空间的流线设计要做到既能让观众容易参与，又能快速疏散，一般情况下展位与展位之间应留有至少2 m的疏散通道；展览会、博览会空间设计还应为展品的进场和运输预留足够的通道，特别是在有大型产品的展示会上，如汽车展会等（图4-27）。

图4-25　展览会空间设计　　图4-26　展览会空间注重品牌形象的强调　　图4-27　汽车展示

（5）在布展时间不长的情况下，展架的设计应易于拆装。

（6）展品陈列方式通常有以下几种：

①场景式,以某个情节或剧情构成场景,将展品作为主角设计。
②专题式,以某种展品或与其有关的专题为主题进行陈列,也可以以节庆为主题。
③系列式,以某一类展品的序列为展示对象,也可以同一企业或品牌的产品为展示对象。
④综合式,若干种展品混合陈列。

第四节　文化空间设计案例欣赏

德国法兰克福夏之爱艺术展展示空间设计案例如图4-28～图4-33所示。

图4-28　夏之爱艺术展展示空间设计(1)

图4-29　夏之爱艺术展展示空间设计(2)

图4-30　夏之爱艺术展展示空间设计(3)

图4-31　夏之爱艺术展展示空间设计(4)

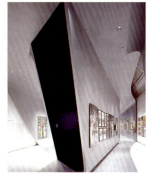

图4-32　夏之爱艺术展展示空间设计(5)

图4-33　夏之爱艺术展展示空间设计(6)

本章小结

本章详细介绍了文化空间设计的相关知识,尤其针对图书馆空间和展示空间进行了重点描述。其中展示空间的设计最为常见,所涉及范围也比较广,因此要特别注意,尤其在尺度方面,务必要符合人体工程学的要求。

思考与实训

1. 图书馆空间设计中采用哪种动线最为合理?
2. 展示空间设计最需要注意的是哪几个方面?

CHAPTER FIVE

第五章 商业空间设计

知识目标
了解商业空间设计的原则，掌握商业空间设计在功能和形象设计方面的要点。

能力目标
能根据不同的商业功能进行形象设计，能在商业空间设计中灵活运用相关设计原则。

商场是商业活动的主要场所，从一个侧面反映了一个国家或城市的经济状况和生活面貌。今天的商场，其功能正向多元化、多层次的方向发展，并产生了新的消费行为和心理需求（图5-1）。

对公共空间设计师而言，商场空间环境的塑造，就是为顾客创造与时代特征统一，符合顾客心理行为特征，充分体现舒适感、安全感和品位的消费场所。

图5-1 商业建筑

第一节 商业空间设计概述

商业空间的形态和功能正不断向多元化、多层次的方向发展。一方面，空间的形态更加多样，如商业街、百货商店、大型商场、专卖店、超级市场等；另一方面，空间的内涵更加丰富，不再局限于单一的服务和展示，而是体现出休闲性、文化性、人性化和娱乐性的综合消费趋势（图5-2）。

一、商业空间的功能

购物是商业空间的主要功能，即顾客为满足自己的生活需要而进行的全过程的购买活动。人的

图5-2 商业空间

购买心理活动可分为六个阶段与三个过程，即认识—知识—评定—诚信—行为—体验六个阶段和认识过程—情绪过程—意志过程三个过程，它们相互依存、互为关联。

　　了解和认识消费者的购买心理是商业空间设计的基础。商场除了商品本身的诱导外，销售环境的视觉诱导也非常重要。从商业广告、橱窗展示、商品陈列到空间的整体构思、风格塑造等都要着眼于激发顾客的购买欲望，让顾客在一个环境幽雅的商场里情绪舒畅、轻松和兴奋，产生认同心理和消费冲动（图5-3）。

二、商业空间的类别

（1）专业商店——又称专卖店，经营单一的品牌，注重商品的多品种、多规格、多尺码（图5-4）。

（2）百货商店——经营商品种类繁多的商业场所，使顾客各取所需（图5-5）。

图 5-3　商场内部空间

【作品欣赏】商业空间设计案例（1）

图 5-4　专业商店

图 5-5　百货商店

（3）购物中心——满足消费者多元化的需要，设有大型的百货商店、专卖店、画廊、银行、饭店、娱乐场所、停车场、绿化广场等（图5-6）。

（4）超级市场——是一种开架售货、顾客直接挑选、高效率售货的综合商品销售环境（图5-7）。

图 5-6　购物中心

图 5-7　超级市场

三、商业空间的特性

（1）展示性：指商业空间以商品的分类、有序的陈列和促销表演为基本商业活动。
（2）服务性：指商业空间可提供销售、洽谈、维修、美容、示范等服务行为空间。
（3）休闲性：指商业空间内提供附属设施，如设置餐饮、娱乐、健身、酒吧等场所。
（4）文化性：指商业空间是大众信息传播的媒介和文化场所。

四、商业空间设计的内容

（1）门面、招牌——商店给人的第一印象就是门面。门面直接显示商店的名称、行业、经营特色、档次，是招揽顾客的重要手段，也是市容景观的构成部分（图5-8）。
（2）橱窗——用于吸引顾客、诱导购物以及艺术形象展示（图5-9）。

图5-8　门面　　　　　　　　　　图5-9　橱窗

（3）商品展示——POP展示（图5-10）。
（4）货柜——包括地柜、背柜、展示柜等（图5-11）。

图5-10　商品展示　　　　　　　　图5-11　展示柜

（5）商场货柜的布置——尽量扩大营业面积，并预留宽敞的人流线路（图5-12）。
（6）柱子的处理——淡化柱子的形象，或结合柱子作陈列销售点（图5-13）。
（7）营业环境的处理——包括顶棚、墙面、地面、照明、色彩的处理（图5-14）。
（8）陈列展示——可分为集中陈列、静态陈列等形式（图5-15）。

图 5-12　商场货柜的布置

图 5-13　柱子的处理

图 5-14　营业环境的处理

图 5-15　陈列展示

第二节　商业空间设计原则

一、商业空间设计前期计划

在进行商业空间设计时，应考虑以下几个因素：

（1）商业空间分析。包括对经营管理条件、风格、顾客结构等的分析（图5-16）。

（2）建筑条件分析。包括对梁柱结构、平面空间的分析。

（3）商场室内功能系统。其包括以下几点：

①顾客系统。包括门面、招牌、橱窗、陈列展示、门厅、出入口、楼梯、休息间、卫生间等，用以诱导顾客购买产品。

②销售系统。包括货柜、货架、收银台、营业环境等，用以创造理想的购物环境。

③商业系统。包括仓库、进/出仓通道、上架前储存设施等。

图 5-16　北京金融街购物中心（1）

④管理系统。包括经理室、财务室、业务室、供销室、车库等。

⑤内部员工系统。包括员工休息室、通道、更衣室、楼梯、食堂、医务室、洗手间等。

二、商业空间室内环境的设计原则

营造刺激顾客产生购物欲望的商场整体营销氛围，是商业空间室内环境设计的基本目标，其应遵循以下具体的设计原则：

（1）商品的展示和陈列应根据种类分布的合理性、规律性、方便性，营销策略进行总体布局和设计，以利于商品的销售，为顾客提供舒适、愉悦的购物环境。

（2）根据商场（或商店、购物中心）的经营性质、理念，商品的属性、档次和地域特征，以及顾客群的特点，确定室内环境设计的风格和价值取向（图5-17）。

（3）具有诱人的入口、空间动线和吸引人的橱窗、招牌，以形成整体统一的视觉传递系统，并运用个性鲜明的照明和材料、颜色等准确诠释商品，营造良好的商场环境氛围，激发顾客的购物欲望（图5-18）。

图5-17　北京金融街购物中心（2）

图5-18　商场入口设下沉式广场

（4）购物空间不能令人有拘束感，不要有干预性，要制造能让购物者自由挑选商品的空间气氛。在空间处理上要做到宽敞通畅，让人看得到，做得到，摸得到。

（5）设施、设备完善，符合人体工程学原理，防火区明确，安全通道及出入口通畅，消防标识规范，有为残疾人设置的无障碍设施。

（6）创新意识突出，能展现整体设计中的个性化特点。

第三节　商业空间功能设计

一、空间的引导与组织

1. 商品的分类与分区

商品的分类与分区是商业空间设计的基础，合理的布局与搭配可以更好地组织人流、活跃整个空间、增加各种商品售出的可能性。

按照不同功能将商场室内空间分成不同的区域，可以避免零乱的感觉，增强空间的条理性。在一个零乱的空间中，顾客会因陈列过多或分区混乱而感到疲劳，造成购买需求降低。

一个大型商店可按商品种类进行分区。例如，一个百货商店可将营业区分成化妆品区、服装区、体育用品区、文具区等。也有商家将一个楼层分租给不同的公司经营，这样自然就按不同的公司分成不同的部分。

2. 购物动线的组织

购物动线的组织是以顾客购买行为的规律和程序为基础展开的，即吸引→进店→浏览→购物（或休闲、餐饮）→浏览→出店。顾客购物的逻辑过程直接影响商业空间的整个购物动线（流线）构成关系，而购物动线的设计又直接反馈于顾客的购物行为和消费关系。为了更好地规范顾客的购物行为和消费关系，可从购物动线的进程、停留、曲直、转折、主次等设置视觉引导的功能与形象符号，以此限定商业空间的展示和营销关系，这也是促使商场基本功能得以实现的基础。设计师通过对商业空间购物动线组织和视觉引导形式的推敲，可以发现更多的可能性，拓展创意思路（图5-19）。

图5-19　商场内部空间

商业空间中的购物动线组织和视觉引导是通过柜架的陈列，橱窗、展示台的划分，顶棚、地面、墙等界面的形、材、色处理与配置以及绿化、照明、标志等要素的构成实现的。通过这些要素构成的多样手法诱导顾客的视线，使其关注商品及展示信息，收拢其视线，从而激发其购物欲望。

3. 柜架布置的基本形式

柜架布置是商场室内空间组织的主要手段之一，主要有以下几种形式：

（1）顺墙式。柜台、货架及设备顺墙排列。此方式售货柜台较长，有利于减少售货员，节省人力，一般采取贴墙布置和离墙布置，后者可以利用空隙布置散包商品（图5-20）。

（2）岛屿式。营业空间呈岛屿式分布，中央设货架（正方形、长方形、圆形、三角形等），柜台周边长，商品多，便于观赏、选购，顾客流动灵活（图5-21）。

【作品欣赏】商业空间设计案例（2）

图5-20　顺墙式货架布置

图5-21　岛屿式货架布置

（3）斜角式。柜台、货架及设备与营业厅柱网成斜角布置，多采用45°斜向布置，能使室内视距拉长，造成更深远的视觉效果，既有变化又有明显的规律性（图5-22）。

（4）自由式。柜台货架随人流走向和人流密度变化，灵活布置，使厅内气氛活泼轻松。将大厅巧妙地分隔成若干个既联系方便，又相对独立的经营部分，并用轻质隔断自由分隔成不同功能、不同大小、不同形状的空间，使空间既有变化又不杂乱（图5-23）。

图 5-22　斜角式货架布置

图 5-23　自由式货架布置

（5）隔绝式。用柜台将顾客与营业员隔开。商品需通过营业员转交给顾客。此为传统形式，便于营业员对商品的管理，但不利于顾客挑选商品（图5-24）。

（6）开敞式。将商品展放在售货现场的柜架上，允许顾客直接挑选商品，营业员的工作场地与顾客的活动场地完全交织在一起。这种方式能迎合顾客的自主选择心理，造就服务意识，是今后的趋势（图5-25）。

图 5-24　隔绝式货架布置

图 5-25　开敞式货架布置

4. 营业空间的组织

（1）利用货架设备或隔断沿水平方向划分营业空间。其特点是空间隔而不断，保持明显的空间连续感，同时，空间分隔灵活自由，方便重新组织空间。这种利用垂直交错构件有机地组织不同标高的空间的方式，可使各空间之间既有一定分隔，又保持连续性。

（2）通过顶棚和地面的变化分隔空间。顶棚、地面在人的视觉范围内占有相当大的比重，因此，顶棚、地面的变化（高低、形式、材料、色彩、图案的差异）能起到空间分隔作用，使部分空间从整体空间中独立出来，适合对重点商品的陈列和表现，并可较大程度地影响室内空间效果。

5. 营业空间的延伸与扩大

根据人的视差规律，通过对空间各界面（顶棚、地面、墙面）的巧妙处理，以及对玻璃、镜面、斜线的适当运用，可使空间产生延伸感和扩大感。

比如，将营业厅的顶棚及地面延续到骑楼下方，使内、外空间连成一片，起到由内到外延伸和扩大空间的作用；玻璃能使空间隔而不绝，使内、外空间互相延伸、借鉴，从而达到扩大空间感的作用（图5-26）。

随着人们物质生活水平的提高，商业空间要求建筑与环境结合成一个整体，有些商场已将室外庭院组织到室内。

二、视觉空间的流程设计

商场视觉空间按流程可分为商品促销区、展示区、销售区（含多种销售形式）、休息区、餐饮区、娱乐区等。由于该类空间基本属于短暂停留场所，其视觉流程的设计应趋向于导向型和流畅型。

图 5-26 玻璃顶棚使空间隔而不绝

欣赏或采购商品都具有一定的时间性，顾客的行动路线和消费行为均受到内部诸因素的影响，其在局部区域的逗留时间不会太长，这就要求视觉空间的流程设计快速予以顾客导向性信息和提示（图5-27）。

人们在进入现代商场环境的时候，存在两种基本购物行为：目的性购物和非目的性购物。目的性购物者希望以最快的方式、最便捷的途径到达购物地点，完成购物。对此类消费者，在组织商业空间时，视觉空间的流程设计应具有非常明确的导向性，以缩短购物的距离。同时导向型视觉空间可以诱发非目的性购物者产生临时的购物冲动，即完善的导向系统可以帮助无目的购物者临时作出购物的决策。

与商品销售配套的休息区、餐饮区，可以在视觉空间的流程设计上平和舒缓一些，以减少商品的信息刺激量，给顾客以较充裕的时间调整身心疲劳，延长顾客在商场内的停留时间（图5-28）。

图 5-27 视觉空间处理

图 5-28 休息区

第四节 商业空间形象设计

对商业环境的形象塑造，主要是通过对商业环境的界面进行处理来实现的。商场的地面、墙面和顶棚是主要界面，对其的处理应从整体出发，烘托氛围，突出商品，形成良好的购物环境（图5-29）。

一、商场的地面处理

商场的地面应考虑防滑、耐磨、易清洁等要求，并减少无谓的高差，保持地面通畅、简洁。商场的地面有耐磨要求，因此常以花岗石或同质地砖等地面材料铺设（图5-30）。

二、商场的墙面处理

商场的墙面基本上被货架、尾柜等遮挡，一般只需用乳胶漆等涂料涂刷或施以喷涂处理即可，局部墙面可作特殊处理（图5-31）。营业厅中的独立柱面往往在顾客的最佳视觉范围内，因此柱面通常是塑造室内整体风格的基本点，应加以重点装饰。

三、商场的顶棚处理

商场的顶棚除入口、中庭等处可结合室内设计风格作一定的造型处理外，应以简洁为主。大型商场自出入口至垂直交通设施入口处（电梯、楼梯等）的主通道位置相对固定，其上部的顶棚可在造型、照明等方面适当呼应，或作比较突出的处理（图5-32）。

图5-29 服装店室内环境

图5-30 商场的地面

图5-31 墙面的特殊处理

图5-32 商场专卖店内的顶棚

第五节 商业空间设计案例欣赏

西安美美长安百货商业空间设计案例如图5-33～图5-38所示。

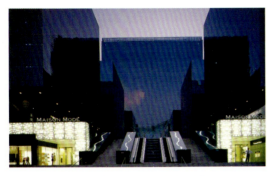
图 5-33　美美长安百货商业空间设计（1）

图 5-34　美美长安百货商业空间设计（2）

图 5-35　美美长安百货商业空间设计（3）

图 5-36　美美长安百货商业空间设计（4）

图 5-37　美美长安百货商业空间设计（5）

图 5-38　美美长安百货商业空间设计（6）

本章小结

本章主要介绍了商业空间设计的原则，以及商业空间功能设计和形象设计等方面的知识。商业空间功能设计和形象设计互为表里，缺一不可，这是需要注意的地方。

思考与实训

1. 为什么说商业空间功能设计很重要？
2. 商业空间设计的原则有哪些？

第六章 办公空间设计

CHAPTER SIX

> **知识目标**
> 了解办公空间设计的要点和发展趋势,掌握办公空间分项设计的要点和注意事项。

> **能力目标**
> 能全面考虑办公空间的需求,能对办公空间进行全方位的带有前瞻性的设计。

第一节 办公空间设计概述

一、办公空间的管理使用类型

(1)单位或机构的专用办公楼。整栋大楼按本单位或机构的实际情况对空间进行整体策划和设计(图6-1)。

(2)由发展商建设并管理的办公楼。该类型的办公楼出租给不同的客户,各用户按各自的需要策划、设计空间。

(3)智能型和高科技的专业办公楼。整体公共空间的通道、楼梯、大堂由发展商统一策划设计,各单位空间由用户自行设计(图6-2)。

图6-1 某市市政大厦

图6-2 智能型和高科技的专业办公楼

智能型办公空间是通过计算机技术、控制技术、通信技术和图形显示技术实现的。它的基本构成要素是：

（1）舒适的工作环境；

（2）高效率的管理和办公自动化系统；

（3）开放式的楼宇自动化系统（图6-3和图6-4）。

图6-3　智能型办公空间（1）

图6-4　智能型办公空间（2）

智能型办公空间的特点如下：

（1）具有先进的通信系统和网络，是办公建筑的神经系统。

（2）具有办公自动化系统，每个工作成员可用一台工作站或终端个人电脑。通过电脑网络系统完成各项工作，通过数字交换技术和电脑网络实现文件传递自动化。

（3）具有建筑自动化系统，如电力照明、空调卫生、输送管理等系统；环境能源管理系统，保安管理系统，如防灾、防盗、物业管理系统；能源计算、租金管理、维护保养系统。

二、办公空间的功能性质类型

（1）行政性办公空间：各级机关、团体、事业单位以及各类经济企业的办公楼。

（2）专业性办公空间：各类设计机构、科研部门以及商业、贸易、金融等行业的办公楼。

（3）综合性办公空间：同时具有商场、金融、餐饮、娱乐、公寓及办公室综合设施的办公楼。

三、办公空间的功能划分

（1）办公用房。办公空间的平面布局形式取决于办公楼本身的使用特点、管理体制、结构形式等。办公用房的类型有小单间办公室、大空间办公室、单元型办公室、公寓型办公室、景观办公室等（图6-5至~图6-7）。此外，绘图室、主管室或经理室也属于具有专业或专用性质的办公用房。

图6-5　小单间办公室

图6-6　大空间办公室

图6-7　景观办公室

（2）公共用房。公共用房是指供办公楼内外人际交往或内部人员聚会、展示等的用房，如会客室、接待室，各类会议室、阅览展示厅、多功能厅等（图6-8）。

（3）服务用房。服务用房是为办公楼提供资料及信息的收集、编制、交流、储存等服务的用房，如资料室、档案室、文印室、电脑室、晒图室等（图6-9）。

图6-8　公共用房

图6-9　服务用房

（4）附属设施用房。附属设施用房是为办公楼工作人员提供生活及环境设施服务的用房，如开水间、卫生间、电脑交换机房、交配电间、空调机房、锅炉房以及员工餐厅等。

第二节　办公空间设计要点

办公空间设计应突出现代、高效、简洁与人文化的特点，体现自动化，并使办公环境整合统一（图6-10）。

办公室的主要功能是工作、办公。一个经过整合的人性化办公室所应具备的条件不外乎自动化设备、办公家具、环境、技术、信息和人性六点，这六项要素齐全之后才能塑造一个好的办公空间。通过"整合"，可以把很多因素进行合理化、系统化的组合，达到预期效果（图6-11）。

在办公室中，设计师并不一定要对现代化的计算机、传真机、会议设备等科技设施有绝对的了解，但应该对这些设备有起码的概念，因为如果设计师在设计办公室时只重视外在美，而忽略了实用性，使设计不能和办公室设备联结在一起，将丧失办公空间设计的意义。

图 6-10　办公空间

图 6-11　办公室

（1）掌握工作流程关系以及功能空间的需求。办公室是由各个既相互关联又具有一定独立性的功能空间构成的，而办公单位的性质不同又使功能空间的设置不同，这就要求设计师在设计前要充分调查了解办公环境的工作流程关系以及功能空间的需求和设置规律，以利于目标的达成。

（2）确定各类用房的大致布局和面积分配比例。设计师需要根据办公空间的使用性质、建筑规模和相关标准确定各类用房的大致布局和面积分配比例，既要从现实需要出发，又要适当考虑功能等在以后变化时进行调整的可能性（图6-12）。

（3）确定出入口和主通道的大致位置和关系。一般来说，与对外联系较为密切的部分靠近出入口或主通道，不同功能的出入口应尽可能单独设置，以免相互干扰（图6-13）。

（4）注意便于安全疏散和通行。袋形走道远端房间门至楼梯口的距离不大于22 m，单侧走道净宽不小于1.3 m，双侧走道净宽不小于1.6 m，通行推床的走道净宽不小于2.1 m（图6-14）。

图 6-12　会议室布局

图 6-13　办公室出入口

图 6-14　办公室通道

（5）把握空间尺度。设计师需要根据人体尺度把握舒适合理的空间尺度。一般情况下，办公空间的面积定额为3.5～6.5 m²/人。办公室净高应不低于2.6 m。窗地面积比约为1∶6。

另外还要注意以下要素：

（1）环境因素；

（2）现代化科技的发展与应用；

（3）信息、文件的处理；

（4）人性、文化、传统因素；

（5）办公心理环境；
（6）企业形象的展示。

第三节　办公空间分类设计

一、办公空间分类设计方法

1. 开放型办公空间

在开放型办公空间设计上，应体现方便、舒适、亲和、明快、简洁的特点，门厅入口应有形象的符号、展墙及接待设施。高层管理人员的小型办公室设计则应追求领域性、稳定性、文化性和实力感。一般情况下紧连着高层管理人员办公室的功能空间是秘书、财务、下层主管等核心部门（图6-15 和图 6-16）。

图 6-15　开放型办公空间（1）

图 6-16　开放型办公空间（2）

2. 单元型办公空间

单元型办公空间指将写字楼某层或某一部分作为单位的办公室。在写字楼中设有晒图、文印、资料、展示、餐厅、商店等服务用房供公共使用。通常单元型办公空间的内部空间可分隔为接待室及办公、展示等空间，还可根据需要设置会议、洗漱卫生等用房。

3. 公寓型办公空间

公寓型办公空间也称商住楼，其主要特点是除办公功能外同时具有类似住宅、公寓的洗漱、就寝、用餐等使用功能。

4. 会议空间

会议空间是办公空间的组成部分，它兼有接待、交流、洽谈及会晤的用途，其设计应根据已有空间的大小、尺度关系和使用容量等确定（图6-17）。

5. 经理办公空间

经理是单位高层管理人员的统称，它是办公行为的总管和统帅，而经理办公空间则是经理处理日常事务、会见下属、接待来宾和交流的重要场所，它能从一个侧面较为集中地反映机构或企业的形象和经营者的修养。

6. 其他办公空间

在设计时应根据具体企事业单位的性质和其他需要，给予相应的功能空间设置及设计构想定位，这些都直接关系到设计思路是否正确、价值取向是否合理等根本问题。设计师应把握由办公性质所引导的空间内在秩序、风格趋向和样式的一致性与形象的流畅性，以创造一个既具有共性特征又具有个性品质的办公环境（图6-18）。

图 6-17　会议空间

图 6-18　个性化的办公环境

二、办公空间室内界面的处理

办公空间室内界面的处理应考虑管线铺设、连接与维修的方便，选用不易积灰、易于清洁、能防止静电的底、侧界面材料。

办公空间界面的总体环境色调宜淡雅，如中间略偏冷的淡灰绿色或中间略偏暖的淡米色等，为使室内色彩不显得过于单调，可在挡板、家具的面料选材时适当考虑色彩的明度与彩度的配置。

1. 底界面

办公空间的底界面应考虑减少行走时的噪声，管线铺设与电话、计算机等的连接等问题。

处理底界面时，可在水泥粉光地面上铺设优质塑胶类地毯或在水泥地面上铺实木地板，也可以在面层铺以橡胶底的块毯，使扁平的电缆线设置于地毯下；智能型办公空间或管线铺设要求较高的办公空间，应于水泥地面上架设空木地板，使管线的铺设、维修和调整均较方便，设置架空木地板后的室内净高也相应降低，但其高度仍不应低于 2.40 m（图 6-19）。

2. 侧界面

办公空间的侧界面处于室内视觉感受较为显要的位置，其在造型和色彩等方面的处理仍以淡雅为宜，以营造合适的办公氛围（图 6-20）。

侧界面常用浅色系列的乳胶漆涂刷，也可以贴墙纸。标准较高的办公空间可采用木装修。

3. 顶界面

办公空间的顶界面应质轻并且有一定的光反射和吸声作用。

顶界面设计中最为关键的是必须与空调、消防、照明等有关设施工种密切配合，尽可能使平顶上部各类管线协调配置，在空间高度和平面布置上排列有序（图 6-21）。

【作品欣赏】办公空间设计案例（1）

图 6-19　地毯和地胶的界面处理　　　　图 6-20　办公空间侧界面处理　　　　图 6-21　个性化的办公空间的顶界面

三、办公空间的照明

1. 自然光源与人工照明的影响

办公空间的照明主要由自然光源与人工照明光源组成。

自然光源的引入与办公空间的开窗有直接关系，窗的大小和自然光的强度及角度的差异会对人的心理与视觉产生很大的影响。一般来说，窗越大，自然光的漫射度就越大，但是自然光过强会对办公空间内的人员产生刺激，不利于办公，所以现代办公空间的设计，既要有开敞式窗户，满足人对自然光的要求，又要注意采用使光线柔和的窗帘装饰设计，使光能经过二次处理，变为舒适光源（图6-22）。

2. 办公空间照明设计应注意的要点

（1）在组织照明时应将办公空间顶棚的亮度调整到适中程度，不可过于明亮，以半间接照明方式为宜。

（2）办公空间的工作时间主要是白天，有大量的自然光从窗口照射进来，因此，办公空间的照明设计应该考虑如何与自然光相互调节补充而形成合理的光环境。

（3）在设计时，要充分考虑到办公空间的墙面色彩、材质和空间朝向等问题，以确定照明的照度和光色。光的设计与室内三大界面的装饰有着密切的关系，如果墙体与顶棚的装饰材料是吸光性材料，在光的照度设计上应适当提高，如果室内界面装饰用的是反射性材料，应适当降低光的照度，以使光环境更为舒适（图6-23）。

图 6-22　办公空间自然光与人工照明结合　　　　图 6-23　办公空间的光源设置

第四节　办公空间设计趋势

一、办公场所的多元化

现在的办公场所越来越多元化，现代化办公环境，除了传统的中心商务区（CBD）外，人们越来越追求它的"田园氛围"（图6-24）。

二、人性化办公环境的兴起

"人性化"是办公环境的塑造点和本源，也是未来社会发展和设计的追求。一个人性化的办公环境不仅可以为办公群体提供一个以高科技为支持的领先平台，还可以为人们提供一个自然、舒适、便捷、现代的工作环境。要实现人性化的办公环境，在设计的过程中就应考虑在满足办公群体共性的同时，尽力照顾到每一个个体的个性需求，真正做到以人为本。

【作品欣赏】办公空间设计案例（2）

三、景观办公环境的兴起

景观办公环境强调工作人员与组团成员的紧密联系与沟通的方便性，它具有在大空间中形成相对独立的小空间景观和休闲气氛的特点，宜于创造感情和谐的人际关系和工作关系。

四、智能型办公环境的设计方向

智能型办公环境是现代社会及各企事业单位共同追求的目标，也是办公空间设计的发展方向。现代智能型办公环境应具备以下三个基本条件：

（1）具有先进的通信系统，既具有数字专用交换机及内外通信系统，以便安全快捷地提供通信服务，又具有先进的通信网络，它是智能型办公空间的神经系统。

（2）办公自动化系统（OA），即与自动化理念结合的"OA办公家具"，包括多功能电话、一台工作站或个人计算机等，通过无纸化、自动化的交换技术和计算机网络促成各项工作及业务的开展与运行（图6-25）。

图6-24　办公室户外阳台休闲区

图6-25　智能型办公环境

第五节　办公空间设计案例欣赏

ernst & young 办公空间设计案例如图 6-26～图 6-31 所示。

图 6-26　ernst & young 办公空间设计（1）

图 6-27　ernst & young 办公空间设计（2）

图 6-28　ernst & young 办公空间设计（3）

图 6-29　ernst & young 办公空间设计（4）

图 6-30　ernst & young 办公空间设计（5）

图 6-31　ernst & young 办公空间设计（6）

本章小结

本章主要介绍了办公空间的设计要点、分类设计和设计趋势。其中分类设计是重点，相关细节尤其重要。智能化办公的要求和一些人体工程学的要求等需要特别注意。

思考与实训

1. 认真分析办公空间设计趋势，谈谈其对当前的设计工作的影响。
2. 试分析学校办公空间设计是否合理，形成文字，提出改进方法。

CHAPTER SEVEN

第七章 餐饮娱乐空间设计

知识目标
掌握餐饮娱乐空间设计的要点及方法。

能力目标
能根据不同的餐饮娱乐空间要求进行设计。

"民以食为天",饮食是人类生存所要解决的首要问题。在社会多元化的今天,饮食的内容更加丰富,人们对就餐内容的选择包含对就餐环境的选择,就餐就是一种享受、一种体验、一种交流、一种显示,所有这些都体现在就餐的环境中。因此,着意营造迎合人们需求的就餐环境,是公共空间设计把握时代脉搏、餐饮店营销成功的根基。

近年来,餐饮店、购物商业街等作为城市设施承担起了地区的社会活动,为了能够一年四季没有季节差异地招揽顾客,实现经营上的稳定,除了提供餐饮之外,其还根据顾客需要增设了其他各种娱乐设施,如舞厅、游艺厅、桌球室、健身室、桑拿房、按摩浴池、室内外游泳池、网球场、保龄球场等,形成了许多反映时代特色、体现城市商业面貌的娱乐环境。

第一节 餐饮空间设计

一、餐饮空间的概念及分类

餐饮空间是餐厅、宴会厅、咖啡厅、酒吧及厨房的总称,其中餐厅包括中餐厅、西餐厅、风味餐厅和自助餐厅(图7-1和图7-2)。中餐厅又可分为粤菜餐厅、川菜餐厅、鲁菜餐厅、淮扬菜餐厅等特色菜系餐厅。厨房为餐饮的内部辅助设施。

二、餐饮空间的布局

(1)独立设置餐厅和宴会厅。此种布局使就餐环境独立而优雅,功能设施互不干扰(图7-3)。

图 7-1　中餐厅　　　　　　　　图 7-2　西餐厅　　　　　　　　图 7-3　优雅的就餐环境

（2）在裙房或主楼低层设置餐厅和宴会厅。多数饭店采用这种布局形式，其功能连贯、整体、内聚。

（3）主楼顶层设置观光型餐厅。此种布局（包括旋转餐厅）特别受旅游者和外地客人的欢迎。

（4）休闲餐厅。此种布局（包括咖啡、酒吧、酒廊）比较自由灵活，大堂一隅、中庭一侧、顶层、平台及庭园等处均可设置，增添了建筑内休闲、自然、轻松的氛围。

三、餐饮空间的面积指标

餐厅的面积一般以 1.85 m^2／座计算，其中中低档餐厅约为 1.50 m^2／座，高档餐厅约为 2.00 m^2／座。指标过小会造成拥挤，指标过大会增加工作人员的劳作时间与精力。

饭店中的餐厅应大、中、小型相结合，大中型餐厅餐座总数约占总餐座数的 70%～80%。小餐厅约占总餐座数的 20%～30%。影响面积的因素有饭店的等级、餐厅等级、餐座形式等。饭店中餐饮部分的规模以面积和用餐座位数为设计指标，随饭店的性质、等级和经营方式而异。饭店的等级越高，面积指标越大，反之则越小。我国饭店建筑设计规范规定，高等级饭店每间客房的餐饮面积为 9～110 m^2，床位与餐座比率约为 1：1～1：20。

四、餐饮设施的常用尺寸

餐厅服务走道的最小宽度为 900 mm，通路的最小宽度为 250 mm。

餐桌的最小宽度为 700 mm。四人方桌的尺寸为 900 mm×900 mm；四人长桌的尺寸为 1200 mm×750 mm；六人长桌的尺寸为 1 500 mm×750 mm；八人长桌的尺寸为 2 300 mm×750 mm。

圆桌的最小直径：1 人桌为 750 mm；2 人桌为 850 mm；4 人桌为 1 050 mm；6 人桌为 1 200 mm；8 人桌为 1 500 mm。

餐桌高 720 mm；餐椅座面高 440～450 mm。

吧台固定凳高 750 mm，吧台桌面高 1 050 mm，服务台桌面高 900 mm，搁脚板高 250 mm。

五、餐饮空间的设计原则

1. 餐饮空间功能分区的原则

在对餐饮空间进行总体布局时，把入口、前室作为第一空间序列，把大厅、包房雅间作为第二空间序列，把卫生间、厨房及库房作为最后一组空间序列，使其流线清晰，功能上划分明确，减少相互之间的干扰。

餐饮空间分隔及桌椅组合的形式应多样化，以满足不同顾客的要求；同时，空间分隔应有利于保持不同餐区、餐位的私密性（图7-4）。

餐厅空间应与厨房相连，且应阻挡视线，厨房及配餐室的声音和照明不能泄露到客人的座席处。

2. 餐饮空间动线设计的原则

餐厅的通道设计应该流畅、便利、安全。

动线设计应尽可能方便客人。尽量避免客人动线与服务动线发生冲突或重叠，发生矛盾时，应遵循先满足客人的原则。

通道应时刻保持通畅，简单易懂。服务路线不宜过长（最长不超过40 m），尽量避免穿越其他用餐空间。大型多功能厅或宴会厅可设置备餐廊。

桌椅布置宜采用直线形式，避免迂回绕道，以免产生人流混乱的感觉，影响或干扰客人的情绪和食欲（图7-5）。

员工动线讲究高效率。员工动线对工作效率有直接影响，原则上越短越好，而且同一方向通道的动线不能太集中，需去除不必要的阻隔和曲折。

3. 餐饮空间设计的其他要点

（1）中、西餐厅或具有地域文化的风味餐厅应有相应的风格特点和主题。餐饮空间内装修和陈设应整体统一，菜单、窗帘、桌布和餐具及室内空间的设计必须互相协调、富有个性或鲜明的风格（图7-6）。

图7-4　灵活的桌椅组合形式

图7-5　直线型桌椅布置

图7-6　具有异域风格的餐厅环境

（2）应选择不黏附污物、容易清扫的装饰材料，地面要耐污、耐磨、防滑并且走动脚步声较轻。

（3）应有足够的绿化空间，良好的通风、采光和声学设计。

（4）应有防逆光措施，当外部玻璃窗有自然光进入室内时，不能产生逆光或眩光。

六、各类型餐饮空间的设计

1. 中餐厅

中餐厅在我国的饭店建设和餐饮行业占有很重要的位置，并为我国大众乃至外国友人喜闻乐见。中餐厅在室内空间设计中通常运用传统形式的符号进行装饰与塑造，既可以运用藻井、宫灯、斗拱、挂落、书画、传统纹样等装饰语言组织空间或界面，也可以运用我国传统园林艺术的空间划分形式如拱桥流水、虚实相生、内外沟通等手法组织空间，营造体现我国传统文化的浓郁气氛（图7-7）。

中餐厅的入口处常设置中餐厅的形象与符号招牌及接待台，入口宽大以便人流通畅。前室一般设置服务台和休息等候座位。餐桌的形式有8人桌、10人桌、12人桌，以方形或圆形桌为主，如八仙桌等。同时，设置一定量的雅间或包房及卫生间。

中餐厅的装饰虽然可以借鉴传统的符号，但仍然要在此基础上寻求符号的现代化、时尚化，使之符合现代人的审美情趣，具有时代的气息（图7-8）。

图7-7 中餐厅（1）

图7-8 中餐厅（2）

2. 宴会厅

宴会是在普通用餐的基础上发展起来的高级用餐形式，也是国际交往中常见的活动之一。宴会厅的功能主要是承办婚礼宴会、纪念宴会、新年晚会、圣诞晚会、团聚宴会乃至国宴、商务宴等。宴会厅的装饰设计应体现庄重、热烈、高贵和典雅的品质（图7-9）。

为了适应不同的使用需要，宴会厅常设计成可分隔的空间，需要时可利用活动隔断分隔成几个小厅。入口处应设接待处；厅内可设固定或活动的小舞台。宴会厅的净高：小宴会厅为2.7～3.5 m，大宴会厅在5 m以上。宴会前厅或宴会门厅是宴会前的活动场所，设衣帽间、电话、休息椅、卫生间（兼化妆间）。宴会厅桌椅布置以圆桌、方桌为主。椅子选型应易于叠放收藏。宴会厅应设储藏间，以便于桌椅布置形式的灵活变动。

当宴会厅的门厅与住宿客人用的大堂合用时，应考虑设计合适的空间形象标识，以便在门厅把参加宴会的来宾迅速引导至宴会厅。宴会厅的客人流线与服务流线要尽量分开。

3. 风味餐厅

风味餐厅主要通过提供独特风味的菜品或独特烹调方法的菜品满足顾客的需要。风味餐厅种类繁多，充分体现了饮食文化的博大精深（图7-10）。

风味餐厅最突出的特点是具有地方性及民族性，具体有以下特点：

（1）风味餐厅具有明显的地域性，强调菜品正宗，口味地道、纯正。

（2）风味餐厅以某一类特定风味的菜品吸引目标顾客，餐具种类有限而简单。

（3）应根据风味餐厅的不同类型设置不同的功能区域。

风味餐厅的风格是为了满足某种民族或地方特色菜而专门设计的室内装饰风格，目的主要是使人们在品尝菜肴的同时，对当地民族特色、建筑文化、生活习俗等有所了解，并可亲自感受其文化精神所在（图7-11）。

图 7-9　宴会厅　　　　　图 7-10　风味餐厅（1）　　　图 7-11　风味餐厅（2）

风味餐厅在设计上，从空间布局、家具设施到装饰细节应体现与风味特色协调的文化内涵。在表现上，要求精致，整个环境的品质要与它的特别服务协调，创造一个情调别致、环境精致、轻松和谐的空间，使宾客在优雅的气氛中愉快地用餐，同时享受美味，体现品位（图7-12）。

风味本身是餐饮的内容和形式的一种提炼，有其自身的特殊性，因此为风味餐厅注入高级品位是餐饮业走向档次消费的一种趋势。随着消费市场结构的变化以及不同消费层次距离的拉大，高级品位和特殊风味的融合日益受到市场的重视。

4. 西餐厅

西餐厅在我国饮食业属异域餐饮文化。西餐厅以供应西方某国特色菜肴为主，其装饰风格也与某国民族习俗一致，充分尊重其饮食习惯和就餐环境需求。

与西方近现代的室内设计风格的多样化呼应，西餐厅室内环境的营造方法也是多样化的，大致有以下几种：

（1）欧洲古典风格。此风格通常运用一些欧洲建筑的典型元素，诸如拱券、铸铁花、扶壁、罗马柱、夸张的木质线条等体现室内的欧洲古典风情。同时常结合现代的空间构成手段，从灯光、音响等方面对其加以补充和润色（图7-13）。

（2）富有乡村气息的风格。这是一种田园诗般恬静、温柔、富有乡村气息的装饰风格。这种风格较多地保留了原始、自然的元素，使室内空间弥漫着一种自然、浪漫的气氛，质朴而富有生气（图7-14）。

图 7-12　风味餐厅（3）　　图 7-13　欧洲古典风格的西餐厅　　图 7-14　富有乡村气息的西餐厅

（3）前卫的高技派风格。如果目标顾客是青年消费群体，运用前卫而充满现代气息的设计手法最适合青年人的口味。运用现代简洁的设计词汇语言，轻快而富有时尚气息，偶尔可流露一种神秘莫测的气质。空间构成一目了然，各个界面平整光洁，各种灯光构成室内温馨时尚的气氛（图7-15）。

西餐厅的装饰特征总的来说富有异域情调，在设计语言上要结合近现代西方的装饰流派而灵活运用。西餐厅的家具多采用2人桌、4人桌或长条形多人桌。

5. 快餐厅

快餐厅是提供快速餐饮服务的餐厅。快餐厅起源于20世纪20年代的美国，可以认为这是把工业化概念引进餐饮业的结果。快餐厅适应了现代生活快节奏、注重营养和卫生的要求，在现代社会获得了飞速的发展，麦当劳、肯德基即最成功的例子。

快餐厅的规模一般不大，菜肴品种较为简单，多为大众化的中低档菜品，并且多以标准分量的形式提供。

快餐厅的室内环境设计应该以简洁明快、轻松活泼为宜。其平面布局的好坏直接影响快餐厅的服务效率，应注意区分动区与静区，在顾客自助式服务区避免出现通行不畅、互相碰撞的现象（图7-16）。

快餐厅的照明应以荧光灯为主，明亮的光线会加快顾客的用餐速度；快餐厅的色彩应鲜明亮丽；快餐厅的背景音乐应选择轻松活泼、动感较强的乐曲或流行音乐。

6. 自助餐厅

自助餐厅的形式灵活、自由、随意，亲手烹调的过程充满了乐趣，顾客能共同参与并获得心理上的满足，因此受到消费者的喜爱（图7-17）。

图7-15 高技派风格的西餐厅

图7-16 快餐厅

图7-17 自助餐厅

自助餐厅设有自助服务台，集中布置盘碟等餐具。陈列台分为冷食区、热食区、甜食区和饮料区、水果区等区域，以避免食物成品与半成品混淆。设计要充分考虑消费者的行动条件和行为规律，让消费者操作方便，并要激发消费者参与自助用餐。

自助餐厅内部空间处理应简洁明快，通透开敞。一般以座席为主，柜台式席位也很适合。自助餐厅的通道应比其他类型的餐厅通道宽一些，以便于人流及时疏散，加快食物流通和就餐速度。在布局分隔上，应尽量采用开敞式或半开敞式的就餐方式。自助餐厅因食品多为半成品加工，加工区可以向客席开敞，以增加就餐气氛（图7-18）。

7. 咖啡厅、茶室

咖啡厅是提供咖啡、饮料、茶水的半公开交际活动场所。

咖啡厅的平面布局比较简明，内部空间以通透为主，应预留足够的服务通道。咖啡厅内需设热饮料准备间和洗涤间。咖啡厅常用直径为 550 ~ 600 mm 的圆桌或边长为 600 ~ 700 mm 的方桌。

咖啡厅源于西方饮食文化，因此，在设计形式上更多地追求欧化风格，充分体现其古典、醇厚的性格。很多现代咖啡厅通过简洁的装修、淡雅的色彩、各类装饰摆设等增加店内的轻松、舒适感（图 7-19）。

图 7-18　Club Med 自助餐厅

图 7-19　咖啡厅

茶是全世界广泛饮用的饮品，种类繁多，具有保健功效，各类茶室成为人们休闲会友的去处。茶室的装饰布置以古朴的格调、清远宁静的氛围为主。目前茶室以中式与和式风格的装饰布置居多。

近年来，出现了许多不同主题和经营形态的咖啡厅、茶室，它们与都市的现代化生活和休闲气氛结合，为人们增添了生活情趣（图 7-20）。

8. 酒吧

酒吧是"bar"的音译词，包括在饭店内经营和独立经营的酒吧。酒吧的种类很多，是必不可少的公共休闲空间。酒吧是人们亲密交流、沟通的社交场所，在空间处理上宜把大空间分成多个尺度较小的空间，以适应不同层次的需要（图 7-21）。

图 7-20　茶室内景

图 7-21　酒吧

酒吧主要有座席区（含少量站席）、吧台区、化妆室、音响区、厨房等几个部分，少量办公室和卫生间也是必要的。一般每席的面积为 1.3 ~ 1.7 m²，通道宽度为 750 ~ 1 300 mm，酒吧台宽度为 500 ~ 750 mm。可视其规模设置酒水储藏库。

吧台往往是酒吧空间中的组织者和视觉中心,设计时应予以重点考虑（图7-22）。吧台侧面因与人体接触,宜采用木质或软包材料,台面材料需光滑易于清洁。

酒吧的装饰应突出浪漫、温馨的休闲气氛和感性的空间特征。因此,应在和谐的基础上大胆拓展思路,寻求新颖的形式。酒吧的空间处理应轻松随意,比如可以处理成异型或自由弧型空间。

酒吧的装饰常带有强烈的主题性色彩,以突出某一主题为目的。其个性鲜明,综合运用各种造型手段,对消费者有刺激性和吸引力,容易激起消费者的热情。作为一种时尚性的营销策略,它通常几年便要更换装饰手法,以保证持久的吸引力。

9. 厨房

厨房的设计要根据餐饮部门的种类、规模、菜谱内容的构成,以及在建筑里的位置状况等条件设置。

厨房的流线要合理,其流程为：采购食品材料→储藏→预先处理→烹调→配餐→上菜→回收餐具→洗涤等。

厨房地面要平坦、防滑,而且要容易清扫。地面要留有0.3%的排水坡度和足够的排水沟。适用于厨房地面的装饰材料有瓷质地砖和适用于配餐室的树脂薄板等。墙面装饰材料可以使用瓷砖和不锈钢板。为了清洗方便,厨房最好使用不锈钢材料。厨房顶棚上要安装专用排气罩、防潮防雾灯和通风管道以及吊柜等（图7-23）。

一般根据客人座席数量确定餐厅和厨房的大致面积,厨房面积大致是餐厅面积的30%~40%。

图 7-22　吧台

图 7-23　餐厅的厨房

七、餐饮空间的主题营造

餐饮空间的主题营造,就是在餐饮环境中为表达某种主题或突出某种要素而进行的设计,其有助于把餐饮环境的氛围上升到完美的境界,形成室内设计风格（图7-24）。

1. 主题餐饮空间的特性

（1）主题餐厅所提供的产品是针对一部分人的特殊需求而特别设计的,具有特定的客源市场。其由于所选主题的高度针对性而深受特定客源的喜爱。

（2）特殊的餐厅服务。除满足顾客的一般饮食需求外,主题餐厅还可提供一些特殊的服务项目,以突出主题、吸引宾客,如球迷餐厅提供为客人购买球赛门票的服务等。

（3）经营的高风险和高利润。相对大众化餐厅而言,主题餐厅的目标消费群体小,经营存在高风险;但如果调查充分、经营得法,主题餐厅比大众化餐厅更具有竞争力,并可带来高利润。

2. 餐饮空间主题的选择和确定

餐饮空间主题营造的表现意念十分丰富，社会风俗、风土人情、自然历史、文化传统等各方面的题材都是设计构思的源泉。餐饮空间主题的选择和确定，需要根据餐厅经营者的经营定位、区位选择和设计师对餐饮环境的灵感构思，经过充分比较、沟通与交流后，方可确定，切不可盲目确定主题，应使餐厅的艺术品位与经营效益充分结合（图7-25）。餐饮空间的主题主要有以下几类：

图 7-24　餐厅内景

图 7-25　餐厅包房装饰

（1）以丰富的文化内涵为主题。根据各个地区的实际情况，巧妙地对文化宝库进行开发，体现特殊的文化内涵，如"桃园餐厅""红楼梦餐厅"等。

（2）以特定的环境为主题。将餐饮空间设置在特定的环境中，让客人在用餐的同时感受到周围特别的情调与风景，如"森林餐厅""海底餐厅"等。

（3）以某种特殊的人情关系为主题。抓住某些特定人群的心理，以某种特殊的人情关系为主题，渲染特殊的餐饮气氛，如"老三届乐园""情人酒家"等。

（4）以高科技手段为主题。运用高科技手段，营造新奇刺激的用餐环境，满足年轻人猎奇和追求刺激的欲望，如"科幻餐厅""太空餐厅"等。

（5）以某项兴趣爱好为主题。以某项兴趣爱好和活动为主题的餐厅，容易吸引老顾客介绍志同道合的新顾客前来就餐，如"球迷餐厅""电影餐厅"等。

3. 利用空间的形状和结构形式营造主题

（1）利用空间的形状。可以利用矩形餐饮空间的规整、充满理性的特点，营造一种舒适和谐的主题氛围；可以利用多边形、圆形餐饮空间的稳定、富有活力的特点，为空间增添动感，营造丰富、多变的主题氛围（图7-26和图7-27）。

（2）利用空间的结构形式。可以利用空间的结构形式，如柱、梁、墙体、管道等，形成一种空间的构造关系，并与设计主题融为一体。通过形象结构的重复，把不同的因素统一起来，创造和谐的主题气氛，形成流畅的视觉效果以及强烈的感染力。

4. 运用形态符号营造主题

餐饮空间的主题营造，常采用某种形态符号作为设计的主题。这些形态符号可以与人们的社会文化、地域文化以及企业文化相关，也可以是个人情感因素的体验。它具有概括性、象征性和典型性（图7-28）。

图 7-26　矩形餐饮空间　　　图 7-27　多边形餐饮空间　　　图 7-28　餐厅包房内景

（1）用装饰形态符号营造主题。餐厅中的装饰形态的造型反映着餐饮环境的某种风格特征，利用这个特点在相同的空间中可以体现迥然不同的环境气氛。

（2）用情景形态符号营造主题。室内的景观在一定条件下能使人触景生情或产生联想，比如，在餐厅内部有意识、有目的地营造自然景观，用现代材料创造自然情趣，能让人感受到清新的自然气息（图7-29）。

（3）用照明形态营造主题。照明形态是创造餐饮环境气氛的重要手段，应最大限度地利用光的色彩、光的调子、光的层次、光的造型等的变化构成含蓄的光影图案，创造情感丰富的环境气氛（图7-30）。

图 7-29　餐厅室内景观　　　　　　　　　图 7-30　餐厅的照明

（4）用色彩关系营造主题。色彩在情感表达方面可给人非常鲜明而直观的视觉印象。用色彩营造餐饮环境主题，关键在于把握人们的色彩心理，使所采用的色彩能够引起人们的联想与回忆，从而达到唤起人们情感的目的。

（5）用材料的肌理营造主题。肌理是材料表面的组织构成所产生的视觉感受。餐饮环境中每种实体材料都有自身的肌理特征与性格，充分调动这种特性，可创造新颖别致的主题效果。

第二节　娱乐空间设计

城市经济的蓬勃发展使各种娱乐休闲设施的社会需求不断增长，而且种类也在不断翻新。娱乐空间是人们进行公共性娱乐活动的场所，随着社会经济的迅速发展，其设计要求也越来越高，如舞厅、KTV、游艺厅、桌球室、健身室、桑拿房、休闲浴场、室内外游泳池、网球场、保龄球馆等，也有将多个娱乐项目综合为一体的娱乐城、娱乐中心等。

一、娱乐空间的设计原则

1. 娱乐形式决定空间形态和装饰手法

不同的娱乐方式有不同的功能要求，在娱乐空间中，装饰手法和空间形式的运用取决于娱乐的形式，总体布局和流线分布也应按照娱乐活动的顺序展开。

气氛的表达往往是娱乐空间的设计要点，娱乐空间的照明系统应提供良好的照明条件并发挥其艺术效果，以渲染气氛（图7-31）。

在有视听要求的娱乐空间内（如电影院和舞厅）应进行相应的声学处理，而且应注意将声学和美学有机地结合起来。

2. 确保娱乐活动安全进行

娱乐空间应利于安全疏导，通道、安全门等都应符合相应的防灾规范。

所有电器、电源、电线都应采取相应的措施以保证安全。

应对织物与易燃材料进行防火阻燃处理，使之符合防火要求，其耗氧指数应高于国家标准。

3. 娱乐空间应尽量减小对周边环境的不良影响

应对有视听要求的娱乐空间（如舞厅、卡拉OK厅等）进行隔声处理，防止其对周边环境造成噪声污染，应符合相应的隔声设计规范。舞厅还应防止产生光污染，照明措施应符合相应的法规。《声环境质量标准》（GB 3096—2008）和《民用建筑隔声设计规范》（GB 50118—2010）也规定了娱乐空间的噪声允许水平。

4. 用独特的风格让消费者留下深刻的印象

娱乐空间的装饰处理需要有独特的风格，风格独特的娱乐空间往往能让顾客产生新奇感，可吸引顾客的兴趣并激发其参与欲望，独特的风格甚至能成为娱乐空间的卖点。

二、电影院的设计

1. 内部空间的划分

电影院的内部空间可分为门厅、影视厅（图7-32）、休息区、工作区和服务设施区，其中工作区包括放映室、倒片室、售票房、小卖部等，服务设施包括存衣（物）处、卫生间等。

【作品欣赏】娱乐空间设计案例

图7-31 舞厅的照明效果

图7-32 电影院影视厅

2. 电影院的设计原则

一个设计成功的电影院应在安全的前提下容纳尽量多的观众,以获得最高的商业利润,并保证优质的放映效果,其中包括良好的视觉效果和听觉效果。

(1)要让观众有良好的视觉效果。应注意观众席的分布形式与银幕的关系(图7-33)。

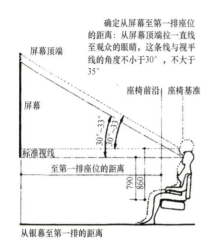
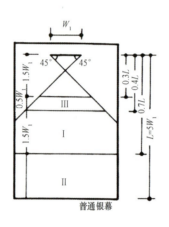
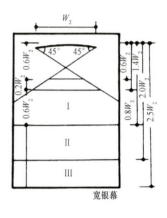

图 7-33 观众席的分布形式与银幕的关系(单位:mm)

图 7-34 电影院内景

(2)要创造良好的听觉效果。应利用几何面的声学效应。后墙应作吸声处理和声扩散处理;顶棚应作声音反射处理,反射面应使声音的传播逐渐增强;两侧的墙面应处理为声音扩散面,为降低影响,在一部分地方应作吸声处理;最好设置可吸声的座位(图7-34)。

(3)流畅的交通是安全的保障。观众席座位排与排之间的最小距离为0.86 m(图7-35);两边的通道上应设置出入口,一般来说,出入口的间距不能超过五排座的距离,出入口的宽度应不小于1.6 m;根据防火规范,在电影院内走动的距离应不超过45 m,通道不宜用踏步式,尽量使用无障碍设计;出入口标志灯应在各个位置都能看清。

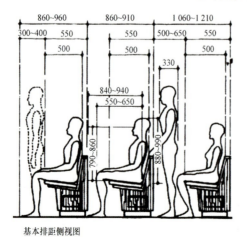
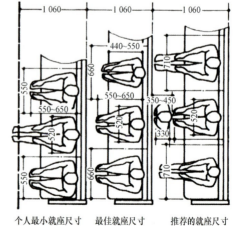

图 7-35 观众席座位的基本尺寸及排列方式(单位:mm)

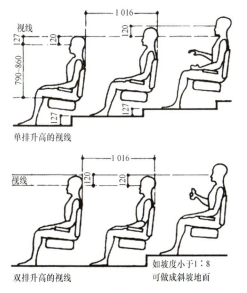
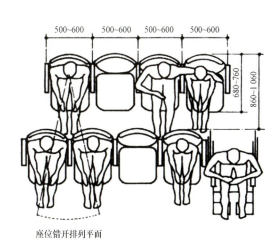

图 7-35 观众席座位的基本尺寸及排列方式（单位：mm）（续）

（4）照明应适应不同的功能要求。一般来说，电影院有三种不同功能的照明需求：供电影放映时太平门标志灯及气氛照明、放映中休息时用的照明和有足够照度的用于清场或其他情况的照明。观众厅的照明不得有碍放映，可用小型卤钨灯、聚光灯和反射型投光灯等。光源的投射角度避免和室内墙面、家具产生眩光。光源点应在观众的视野外，以避免放映时影响视觉效果。紧急照明的电源应接事故发电机。

三、舞厅的设计

舞厅可分为交际舞厅、迪斯科舞厅、综合性舞厅（也称"夜总会"）、卡拉OK舞厅等。

舞厅是娱乐性场所，在功能空间的划分以及环境装饰上应充分强调娱乐性，空间的分割布局应尽显活跃气氛，在喧嚣的环境中进行有序的空间变化与分隔。舞厅的空间可划分为舞池区、休息区（图 7-36）。

舞厅的主要设施有舞池、演奏台、声光控制室和休息座等。

舞厅的舞池与休息区一般采取高差的方法分隔，舞池一般略低于休息区，休息区一般围绕舞池而设，演奏台一般略高于休息区和舞池。

舞池的地面材料一般用花岗岩、水磨石、打蜡嵌木地板和光栅玻璃等。休息区的空间尺度宜小不宜大，要让顾客感到亲切。可用象征性分隔手法处理空间（如利用低矮的绿化分隔空间），地面一般铺设地毯或木地板（图 7-37）。

图 7-36 舞厅休息区

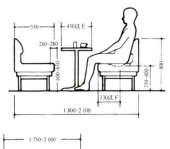
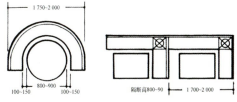

图 7-37 舞厅休息区的基本尺寸（单位：mm）

声光控制室是舞厅的声音、视频和照明的控制中心，面积不应小于 20 m²，位置应在舞台正前方，保证操作人员能通过观察窗直接看到和听到演奏台和舞池的表演情况。舞厅的空间还要为扬声器提供合适的位置，以便于调试，有利于音响效果的发挥。

舞厅是声源特别复杂的环境，在设计时要把握好不同区域的声环境。在设计中应按照无声区→自然声区→娱乐声区→噪声区的隔离层次进行划分。为了减少音响对公共建筑其他空间的干扰，舞厅常位于地下一层或屋顶层，并在内壁设计吸声墙面，入口处的前厅则起声锁作用。

舞厅的光环境设计应以营造娱乐气氛为基础，使用多层次、多照明方式及多动感的设计手法，大胆创新。一般在舞池上空专设一套灯光支架悬挂专用舞台灯光设备，如扫描灯、激光灯以及雨灯等变化丰富的主导灯具。迪斯科舞厅的舞池地面常采用钢化玻璃，以便在玻璃下设彩灯，形成上下呼应的动态灯光效果，更显强烈刺激与扑朔迷离（图7-38）。由于舞厅的光线较暗，包间、卫生间、吸烟区、疏散通道等都需要有灯光指示标识。

图 7-38　舞厅的光环境

舞厅也是交际的场所，其设计主要是为了营造轻松娱乐的气氛，讲究风格的创新和对新鲜、刺激的追求。

四、卡拉 OK 厅和 KTV 包房的设计

卡拉 OK 厅是以视听为主、自唱自乐、和谐欢愉的娱乐空间。卡拉 OK 厅以视听为主，设有视听设备和散座等，常带小型餐饮设施，有的附设舞池。KTV 是在卡拉 OK 厅的基础上发展的新形式，它没有公共的舞池和表演厅，基本上全是各式卡拉 OK 包房（图 7-39 和图 7-40），设备先进，采用自助点歌系统，实行包房分时段价格浮动付费模式，并提供休闲餐饮服务，受到了广大消费者的喜爱。在一些娱乐城内，卡拉 OK 厅和 KTV 包房通常以大厅和包房的形式出现。

卡拉 OK 厅和 KTV 包房的主要空间有公共的舞池或表演厅、表演台、视听设备室、散座、包间、酒水吧台等。基本设备是大屏幕电视机和专业音响，电视屏幕上播出由客人点播的音乐，并与客人的即兴演唱结合，带有一定的表演性质。室内要有柔和的照明，在不看电视时基本照度应为 50 ~ 80lx，看电视时也要保持 10 lx 的平均照度。

图 7-39　KTV 包房

图 7-40　KTV 包房

卡拉 OK 包房独立分隔设置，各包房集中相连，一般按人数和面积分为大包房（16 人，20.0 m²）、中包房（8 人，12.0 m²）、小包房（4 人，9.0 m²）、豪华包房（30.0 m²）。其中，豪华包房带舞池、休息谈话区和卫生间。

卡拉 OK 包房在设计上要充分强化每间包房的装饰的不同形式，作好隔声处理尤为重要，并设置可独立操作的影音设备和点歌设备。公共走道等区域应统一协调色彩、象征符号和材料等形式。

卡拉 OK 厅和 KTV 包房的设计都应讲究声学处理。可以采用砖墙或双层 100 mm 加气混凝土块隔墙隔声，KTV 包房可以采用织物软包达到吸声、隔声的效果；组合扬声器和低音扬声器都要放置在结构地面或安置在坚固的支架上（低音扬声器应放置在地面上），悬挂扬声器的悬挂支架和支点应牢固，不能产生振动，否则会使音质受到损害；KTV 包房尽量不要采用正方形和长宽比例为 2∶1 的房间形式，因为这类房间易产生声染色。

卡拉 OK 厅和 KTV 包房的屏幕及织物都应进行防火阻燃处理，通道和安全出口都应达到防火、防灾要求。

五、保龄球馆的设计

保龄球也称地滚球，是一项集娱乐、健身于一体的室内活动，适合不同年龄、不同性别的人参加。饭店的保龄球馆常设 4～8 股道，旅游休闲性质的饭店可增至 12 或 24 股道。

标准保龄球道用加拿大枫木和松木板镶嵌而成，枫木用于助跑道，放置于球瓶部位和球道开端，即易受撞击的地带，松木用于球道中段滚球地带，球道下是铁杉（图 7-41）。端部瓶台处有小机房，以先进的固态印制电路板控制自动捡瓶。助跑道端部每两条球道之间有回球架，可放 3 个球。

保龄球室有以下基本设备：

（1）自动化机械系统，由程序控制箱控制扫瓶、送瓶、竖瓶、夹瓶、升球、回球等。

（2）球道，长 915.63 cm，宽 104.2～106.6 cm；助跑道，长 457.23 cm，宽 152.2～152.9 cm。

（3）记分台，由计算机记分系统、双人座位、投影装置、球员座位、服务台（兼作水吧台）、休息区（换鞋区）等组成。

（4）保龄球馆很少采用自然采光通风，球道两侧一般不开窗，这样可以避免室外噪声的干扰和灰尘侵袭污染，同时降低了热损失和空调负荷。保龄球馆在设计上追求简洁、纯净的现代空间风格，以防止多余装饰与色彩带来视线的干扰。其在照明上多采用半透明或间接的灯具照明方式，以免产生眩光或球道反光。除保龄球馆专用设备区外，其他空间均应采用地毯铺设地面，以防止噪声对投球手产生干扰（图 7-42）。

图 7-41　保龄球道

图 7-42　保龄球馆

第三节　餐饮娱乐空间设计案例欣赏

香港 OVOlogue 餐厅空间设计案例如图 7-43～图 7-48 所示。

图 7-43　香港 OVOlogue 餐厅空间设计（1）

图 7-44　香港 OVOlogue 餐厅空间设计（2）

图 7-45　香港 OVOlogue 餐厅空间设计（3）

图 7-46　香港 OVOlogue 餐厅空间设计（4）

图 7-47　香港 OVOlogue 餐厅空间设计（5）

图 7-48　香港 OVOlogue 餐厅空间设计（6）

本章小结

本章主要介绍了餐饮娱乐空间设计的相关知识。尽管餐饮、娱乐各有界限，但二者又有一定的内在关联，因此其设计要点也有相当程度的类似，甚至在某些空间是合为一体的，这一点在设计时尤其要注意。

思考与实训

1. 试设计一个具有乡村特色的餐厅，并形成一套完整的图纸。
2. 试设计一个 KTV 包房，并形成一套完整的图纸。

CHAPTER EIGHT

第八章 酒店空间设计

知识目标
了解酒店空间的特点，掌握酒店大堂和客房设计的重点。

能力目标
能根据要求设计酒店大堂和客房。

第一节 酒店空间设计概述

一、旅客心态对酒店空间设计的影响

旅游空间包括酒店、饭店、宾馆、度假村等，近几年来得到了迅速的发展。酒店空间常以环境优美、交通方便、服务周到、风格独特而吸引四方游客。其室内环境也因条件不同而各具特色。特别在反映民族特色、地方风格、乡土情调、结合现代化设施等方面，更是精心考虑，使旅客在旅游期间除享受到舒适的生活外，还可以了解异国他乡的民族风情，扩大视野，学习新鲜知识，从而达到丰富生活、调剂生活的目的（图8-1~图8-3）。

图8-1 酒店夜景

图8-2 Negresco酒店

图8-3 假日酒店

对酒店来说，总是希望通过装饰来提高其级别，通过优美的环境和独特的装修手法使旅客对酒店的生活和观感留下良好的印象和深刻的记忆，从而产生日后再来的愿望（图8-4）。

酒店按不同等级有不同的规模和设施，而旅客对酒店的要求也各不相同，但旅客的心态是一致的，一般体现在以下几方面。

1. 向往新事物的心态

旅客外出旅游观光，一般选择从未去过的地方，希望通过旅游，在异国他乡获得对一些新奇事物的认识和感受。如不同的地域环境、风景名胜、城市风貌、风俗习惯、古迹都会引起游客浓厚的兴趣，激发他们旅游的热情和积极性。游客获得的新鲜信息越多，就越能感到满足，否则就会感到乏味甚至扫兴。

2. 接近自然、调节紧张心理的心态

外出旅游、度假，对于平常处于紧张工作状态的人来说，是生活上的一种调剂，旅客特别希望与自然有更多的接触，得到阳光、空气、水的沐浴，享受秀丽的湖光山色，使生活更为轻松愉快，身心获得调整，精神、体力得到恢复，以迎接新的挑战（图8-5和图8-6）。如果在旅途中依然紧张繁忙，就会因达不到旅游的目的而失望。

图8-4 充满异国风情的酒店内部装饰

图8-5 三亚阳光海岸海景度假公寓院景

图8-6 酒店中庭设置的水景和绿色植物

3. 希望增长知识、开阔眼界的心态

增长知识、开阔眼界是旅游者的一般心理。外出旅游是一种进取、积极的心理表现。从事不同职业的旅客，都希望拓展自身的知识范围并使业务能力获得进一步提高，因此，其对与自己工作有关的事物会更敏感、更有兴趣。旅游时的信息交流可以增长知识，增长才干，有利于未来工作的进一步发展。

4. 怀旧心理和乡情观念

怀旧心理和乡情观念是古今中外人类心理的共同特征。旅游者除选择风景名胜外，各地历史博物馆、名胜古迹、古玩市场等也普遍成为旅游的热点。现代人只有同时向前看和向后看，才能找到自己的确切位置。思乡之情是各国人民的固有感情，在异国他乡如能见到亲人、同乡，以及家乡事物，旅客会感到分外亲切。这种感受和自己在家乡时是完全不一样的，尤其在节日期间，身处异国他乡，旅客会更有孤独感，王维的诗句"独在异乡为异客，每逢佳节倍思亲"就是这种心情的流露。

根据旅客的特殊心态，酒店空间设计应特别强调以下几点：

（1）充分反映当地自然和人文特色；

（2）重视民族风格、乡土文化的表现；

（3）创造返璞归真、回归自然的环境；

（4）营造充满人情味以及思古之幽情的格调；

（5）创建能令人留下深刻记忆的建筑品格（图8-7）。

酒店建设应因地制宜，节约包括装修费用在内的投资，节约经营管理成本，节能减耗，朝着建设可持续发展的生态酒店的方向迈进。在竞争日趋激烈的情况下，酒店空间设计应不断国际化、集团化、社会化和信息化。

二、酒店空间设计的特性

1. 地域文化特性

所谓地域文化，包括思想观念、审美情趣、传统习俗、乡土意识等，经过历史的积淀、时间的考验，最终凝结在各种表现形式之中，为广大民众所认同。建筑既是物质产品，也是精神产品，即具有文化内涵。从建筑规划布局到室内装饰细部，无不与当地文化息息相关。不同地域的文化特色是建筑共性中带有个性的主要因素，只有有意识地强调建筑中的个性，才能打破千篇一律、千人一面的局面。建筑中的不同流派风格，反映了一定历史时期的建筑文化思潮，主要起源于对不同时代建筑本质的理解和审美观念的认识，但它们不能代替对具体的、民族的、乡土的、地域的文化开发和创造。因此，酒店空间设计要充分反映当地自然和人文特色，弘扬民族风格和乡土化，还须对地域文化进行深入的探索与发展，才能使旅客感受到新鲜，感受到身处异国他乡的乐趣，并从异域文化中得到启迪，才能使酒店空间具有普遍意义和生命力（图8-8和图8-9）。

2. 自然特性

自然特性包括物质和心理两方面的含义。人类社会发展至今，相当一部分人身居闹市中的高楼大厦，与自然隔离，生活环境日益恶化，因此希望重返大自然的怀抱；同时由于竞争激烈，生活节奏加快，人际关系复杂紧张，人类天真淳朴的感情受到压抑，在物质环境受到污染的同时，精神环境也受到污染，因此人们必然祈求能获得一方净土来抚慰受到创伤的心灵。酒店空间十分重视引进阳光、空气、水等自然因素。有浓郁乡土风情的"农家乐"等生态旅游代表着21世纪旅游的发展方向。强化室内外绿化设施，重视组织优美的室内外景观，充分利用和发挥自然材料的纯朴华美的特色，减少人工斧凿，使人和自然更为接近和融合，达到天人合一的境界，这些都是酒店空间设计的发展方向（图8-10）。

图8-7　富有地域风格的酒店

【作品欣赏】酒店空间设计案例（1）

图8-8　云南特色客栈

图8-9　藏族地区特色酒店

图8-10　舒适的环境

3. 如"家"般的亲和特性

宾至如归也是酒店空间设计的重要内容，不少酒店按照一般家庭的起居室式样布置客房，并以不同国家、民族的风格装饰餐厅、休息厅等,满足来自各地区旅客的需要。这不但极大地丰富了酒店环境,也充分反映了对旅客生活方式、生活习惯的关怀和尊重,从而使旅客感到分外亲切。如一些酒店为了使旅客在得到无微不至的规范服务的同时,更能体味到家的温馨,对每个旅客都建立了个人档案,记录其特殊要求和爱好,并使其得到特别照顾,从而获得了良好的效果。

第二节 酒店大堂设计

酒店大堂是酒店前厅部的主要厅室,它常和门厅直接联系,一般设在底层,也有设在二层的,或和门厅合二为一(图8-11)。

酒店大堂内部主要有以下设施:

(1)总服务台。一般设在入口附近,在大堂较明显的地方,使旅客入厅就能看到。总服务台的主要设备有房间状况标识盘、留言及钥匙存放架、保险箱、资料架等(图8-12)。

(2)大堂经理办公桌。布置在大堂一角,用来处理前厅业务。

(3)休息座。作为客人进店、结账、接待休息之用,常选择方便登记、不受干扰、有良好的环境处。

(4)有关酒店的业务内容、位置标牌、宣传资料的设施。

(5)供应酒水的小卖部,有时和休息座结合布置。

(6)钢琴或有关的娱乐设施。通向各处的公共楼梯、电梯或自动扶梯等交通枢纽,和大堂有直接联系(图8-13)。

图8-11 酒店大堂门厅

图8-12 总服务台

图8-13 酒店内的通道

酒店大堂内的各种设施相互间应有一定的联系,较大的酒店还常设有邮电、银行、寄存、商务中心、美容等业务或区域,并和酒店大堂有方便的联系,因此,应根据不同活动路线进行良好的组织。

酒店大堂是旅客获得第一印象和最后印象的主要场所,是酒店的窗口,为内外客人集中和必经之地,因此大多数酒店均把它视为室内装饰的重点,集空间、家具、陈设、绿化、照明、材料等之精华于一厅。很多酒店把大堂和中庭结合,形成整个空间的核心和重要景观(图8-14)。

因此,酒店大堂设计除上述功能安排外,在空间上宜比一般厅室高大开敞,以显示其建筑的核心作用,并留有墙面作为重点装饰之用(如绘画、浮雕等),同时考虑安置具有一定含义的陈设(如大型古玩、珍奇品等)。在材料选择上,显然以高档天然材料为佳,如花岗石,大理石及高级木材、石材等,它们可使大堂显得庄重、华贵。高级木装修显得亲切、温馨,至于不锈钢、镜面玻璃等也有不同的作用,但应避免商业气息过重。酒店大堂地面常用花岗石,局部休息处可考虑用地毯,端、柱面可以与地面统一，如用花岗石或大理石，有时也用涂料。顶棚一般用石膏板和涂料。总服务台大多用花岗石、大理石或高级木装修（图 8-15）。

图 8-14　酒店大堂（1）

图 8-15　酒店大堂（2）

第三节　酒店客房设计

酒店客房应有良好的通风、采光和隔声措施，以及良好的景观（如观海、观市容等），或面向庭院。应避免使酒店客房面向烟囱、冷却塔、杂务院等，还要考虑良好的风向，避免烟尘侵入（图 8-16）。

【作品欣赏】酒店空间设计案例（2）

图 8-16　酒店客房（1）

一、酒店客房的种类和面积标准

酒店客房一般分为以下几种：

（1）标准客房：放两张单人床的客房（图 8-17）。

（2）单人客房：放一张单人床的客房。

（3）双人客房：放一张双人大床的客房（图 8-18）。

（4）套间客房：按不同等级和规模，有相连通的二套间、三套间、多套间等，其中除卧室外，一般还有餐室、酒吧、客厅或娱乐房间等，也有带厨房的公寓式套间（图 8-19）。

（5）总统套房：包括布置大床的卧室、客厅、写字间、餐厅或酒吧、会议室等。

五星级客房的面积一般为 26 m^2，卫生间的面积一般为 10 m^2，并考虑浴厕分设。

四星级客房的面积一般为 20 m^2，卫生间的面积一般为 6 m^2。

三星级客房的面积一般为 18 m^2，卫生间的面积一般为 4.5 m^2。

图 8-17　标准客房　　　　图 8-18　双人客房　　　　图 8-19　套间客房

二、酒店客房的家具设备

（1）床。分双人床、单人床。床的尺寸，按国际标准分为：

单人床——1 000 mm×2 000 mm；

特大型单人床——1 150 mm×2 000 mm；

双人床——1 350 mm×2 000 mm；

王后床——1 500 mm×2 000 mm、1 800 mm×2 000 mm；

国王床——2 000 mm×2 000 mm。

（2）床头柜。装有电视、音响及照明等设备和开关。

（3）装有大玻璃镜的写字台、化妆台及椅凳。

（4）行李架。

（5）冰柜或电冰箱。

（6）彩电。

（7）衣柜。

（8）照明。有床头灯、落地灯、台灯、夜灯等。

（9）一对休息座椅或一套沙发及咖啡桌。

（10）电话。

（11）插座。

三、酒店客房的卫生间

（1）浴缸一个，有冷/热水龙头、淋浴喷头。

（2）装有洗脸盆的梳妆台，台上装大镜面，洗脸盆上有冷、热水管各一个。

（3）便器及卫生纸卷筒盒。

（4）要求高的卫生间，有时将盥洗、淋浴、马桶分隔设置（图 8-20）。

四、酒店客房的设计和装饰

酒店客房内按不同的使用功能可划分为若干区域，如睡眠区、休息区、工作区、盥洗区；酒店客房有时可能容纳 1～4 人，几种功能发生在同一房间，如更衣和沐浴、睡眠和观看电视。因此在布置酒店客房的家具设备时，各区域之间应有分隔和联系，以满足不同的使用者。

酒店中一般以布置两张单人床的标准客房居多，客房标准层平面也常以此为标准确定进深。

开间的最小净宽应以床长加居室门为标准。混合结构一般不小于 3 300 mm，套间也常以二或三标准间连通，或在尽端、转角处划分出不同于标准间大小的房间作为套间。套间可分为左右套或前后套。设计成前后套的，前为起居室，后为卧室，卫生间布置在中间，通过中间走道联系。因此一般来说，客房标准层在结构布置上是统一的。客房约占酒店 60% 的面积，这样比较经济合理。此外，还有不少由建筑造型设计形成的具有特殊的平面空间的客房，可以因势利导，增加客房形式的丰富性和多样性（图 8-21）。

酒店客房的室内装饰应以淡雅宁静而不乏华丽为原则，给旅客一个温馨、安静又比家庭更为华丽的舒适环境。装饰不宜烦琐，陈设不宜过多，主要应着眼于家具款式和织物的选择，因为这是酒店客房中不可缺少的主要设备（图 8-22）。

图 8-20　酒店客房的卫生间　　　图 8-21　酒店客房（2）　　　图 8-22　酒店客房（3）

第四节　酒店中庭设计

中庭空间具有悠久的历史，以往的中心庭院应是它的原型。随着工业文明的进步，建筑体量不断增大，功能日趋复杂，中庭空间的出现是应时代之需；技术和材料的进步为中庭空间的大量出现提供了可能。随着建筑设计理念与建筑技术的发展，中庭的建筑形式不断丰富，中庭的环境设计也日益受到重视。

一、中庭发展概况

1. 国外中庭发展概况

最早的中庭诞生于中东地区的伊斯兰建筑。由于这个地区气候干燥多风、气温变化较大、水资源缺乏，建造中庭有助于抵御恶劣的气候，改善居住环境；同时可节约有限的用地，并保持每幢建筑的私密性。但当时的技术落后，只能采用砖石、木材和纺织品等建造中庭，因此，那时的中庭很少是完全封闭的。

19 世纪，欧洲的工业革命促使科学技术迅速发展，公共建筑常常追求皇家的宏伟气派，因此，富有创造性的建筑师利用钢铁和玻璃，建造了既经济又堂皇、采光良好的室内空间。1837 年，英国建筑师查尔斯·巴瑞为伦敦改良俱乐部的庭院加了一个顶盖，使之成为第一个真正的中庭，标志着第一代现代中庭的诞生。1849 年，美国建筑师约翰·坎宁汉姆在利物浦的海员之家设计了一个五层高的玻璃顶庭院，建造了第一个"中庭旅馆"。1867 年，曼高尼在米兰设计了拱廊街，采用了伊斯兰集市的形式，并给整条街加顶。1899 年，芝加哥的十三层商会大厦中出现了通高的中庭。1914—1964 年，中庭发展很慢，中庭建筑建造较少，但约翰逊制蜡公司总部和古根海姆博物馆的中庭为第二代现代中庭的发展奠定了基础。1967 年，波特曼设计了海特摄政旅馆，并设计了中间加顶的庭院，同时第一次把这种空间命名为中庭，从而首次创造了现代意义上的中庭（有自动扶梯、玻璃电梯和楼梯、休闲空间等）——第二代现代中庭。此时的中庭是没有噪声、没有烟尘、有绿植和流水、可调节气候并可利用天然采光的室内空间，在这里人们可以彼此观望、随便交往，它给人们提供了一个利用率极高的公共活动空间。之后，中庭建筑如雨后春笋般迅速发展，成为公共建筑发展的主流（图 8-23 ~ 图 8-25）。

图 8-23　酒店中庭（1）　　　　　图 8-24　酒店中庭（2）　　　　　图 8-25　酒店中庭（3）

2. 我国中庭发展概况

我国现代意义上的中庭建筑起步较晚，以商业建筑、旅馆建筑和高层综合建筑为主。20 世纪 70 年代，广州白天鹅宾馆建造了"故乡水"中庭。该中庭由顶部天窗采光，中庭的一角筑有假山，假山上筑有小亭，人工瀑布从假山上分三级叠落而下，名为"故乡水"，以唤起海外华人的思乡之情。中庭的四周挑廊环绕，藤蔓低垂，底部曲桥蜿蜒，流水潺潺，整个空间情景交融、生机盎然。另外，20 世纪 80 年代西安的阿房宫酒店采用层层收缩的大型中庭，外部体量变化与内部空间取得一致，是一种比较纯粹的西方旅馆中庭形式。

二、中庭的噪声控制措施

根据中庭声环境的控制指标，可以分别从噪声、混响时间、回声和声聚焦控制及声景设计几个方面对中庭的声环境进行控制。

中庭噪声较大，身处其中的人们难以有愉悦轻松的感觉，严重的将会直接影响中庭的使用功能，所以中庭的噪声控制是中庭声环境控制中最基本且最重要的部分。噪声控制应从建筑设计、声学技术等多方面采取综合措施，另外还可从提高人们的环境意识入手，通过一定的引导达到降低噪声的目的。

部分中庭内的噪声水平较高，这是由于受到室外交通等噪声的影响。针对此类声环境问题，可以通过改善外围护结构的隔声性能解决。

整个外围护结构的隔声性能是由窗户和外墙的综合隔声性能决定的，而窗户是建筑围护结构中隔声最薄弱的构件，因此要提高整个外围护结构的隔声性能，就必须提高窗户的隔声性能。除制作隔声窗外，较简单的方法是通过采用双层窗或双玻璃窗提高窗户的隔声性能（图 8-26）。常用的双玻璃窗有两种，

图 8-26　玻璃结构具有隔声性能

一种是中间带有空气层的中空玻璃,另一种是用具有阻尼作用的透明有机材料黏合的复合夹层玻璃。为了减少吻合效应对窗扇隔声性能的影响,可采用厚度不同的双层玻璃。另外,还要注意减小窗户的缝隙。

第五节 酒店空间设计案例欣赏

云南彝人古镇大酒店空间设计案例如图 8-27～图 8-32 所示。

图 8-27 云南彝人古镇大酒店空间设计(1)　　图 8-28 云南彝人古镇大酒店空间设计(2)　　图 8-29 云南彝人古镇大酒店空间设计(3)

图 8-30 云南彝人古镇大酒店空间设计(4)　　图 8-31 云南彝人古镇大酒店空间设计(5)　　图 8-32 云南彝人古镇大酒店空间设计(6)

本章小结

本章主要介绍了酒店大堂和客房设计方面的一些要点,还涉及酒店中庭设计的一些基础知识。酒店大堂和客房设计是重点。需要特别强调的是,满足酒店的功能是设计的基本前提。

思考与实训

1. 试设计一个酒店客房标准间,并形成一套完整的图纸。
2. 收集酒店大堂照片,并分析其优、缺点。

参考文献

[1] [荷兰] 赫曼·赫茨伯格. 建筑学教程 2：空间与建筑师 [M]. 刘大馨, 古红缨, 译. 天津：天津大学出版社, 2003.

[2] [丹麦] 扬·盖尔. 交往与空间 [M]. 何人可, 译. 北京：中国建筑工业出版社, 2002.

[3] 彭一刚. 建筑空间组合论 [M]. 北京：中国建筑工业出版社, 1998.

[4] 方晓东, 周卫平. 室内公共空间设计 [M]. 南京：南京大学出版社, 2015.

[5] 刘洪波, 文建平. 公共空间设计 [M]. 2 版. 哈尔滨：哈尔滨工程大学出版社, 2015.